GENOMA HUMANO

GENOMA HUMANO

Desentrañando los mecanismos del ADN

Jesús Purroy

RBA

© del texto: Jesús Purroy.

© de las ilustraciones: Francisco Javier Guarga Aragón.

© de las fotografías: Helioshammer / Depositphotos: cubierta;
Getty Images: pp. 83, 107; Age Fotostock: pp. 29, 63; Archivo RBA: p. 111 (sup.);
W. F. Anderson, *Scient. Amer.*, 273(3): p. 111 (inf. izq.);
IDF Advocate 73, 2013: p. 111 (inf. dcha.).

Diseño de la cubierta: Luz de la Mora.

© RBA Coleccionables, S.A.

© de esta edición: RBA Libros, S.A., 2019.

Avda. Diagonal, 189 - 08018 Barcelona.

rbalibros.com

Primera edición: enero de 2019.

REF.: RPRA514

ISBN: 978-84-9187-565-9

DEPÓSITO LEGAL: B.28.743-2018

REALIZACIÓN · EDITEC

Impreso en España · *Printed in Spain*

Contenido

Introducción

S i el fenómeno de la vida tuviera un manual de instrucciones sería el ADN. Este se encuentra presente, sin excepciones, en todos los seres vivos y guarda en su interior toda la información necesaria para el funcionamiento y el desarrollo de cada organismo en particular. Tras descubrir su existencia y comprender los mecanismos que hacen que nuestra genética determine cómo somos y se traslade de una generación a otra, los seres humanos nos hallamos ahora en disposición de alterarlo en nuestro beneficio.

La información que custodia el ADN se encuentra ubicada en minúsculas unidades básicas conocidas como genes, y cada uno de ellos contiene la clave para producir una determinada molécula, la cual cumplirá con una función definida en el ser vivo. Durante décadas la genética se ha centrado en conseguir descifrar y mapear toda esa información almacenada en el interior de cada célula de nuestro cuerpo. La aplicación práctica resulta evidente. Puesto que innumerables enfermedades tienen una base genética, averiguar la función concreta de cada gen podría tener una importancia capital a la hora de pronosticar el desarrollo de determinadas dolencias y prevenirlas. Pero todavía existen retos mucho mayores. ¿Y si pudiéramos reescribir nuestros genes? Estar en disposición de corregir o eliminar aquellas partes de nuestro ADN que no funcionan correctamente o que sospechamos serán potencialmente la causa de una enfermedad puede representar una auténtica revolución para la medicina moderna, pues además de ofrecer la posibilidad de sanar multitud de patologías, abriría la puerta a erradicarlas de nuestra herencia genética, impidiendo así que pasasen a la generación siguiente.

Actualmente parte de estos desafíos ya son una realidad gracias, por ejemplo, a estrategias tan innovadoras como la terapia génica, cuyo objetivo primordial es silenciar o activar determinados genes, relacionados con enfermedades, mediante la inserción de elementos funcionales ausentes en el material genético de un individuo. El gen sano o corregido se introduce en el tejido u órgano sobre el que se desea actuar a través de vectores virales, que lo traslada al interior del núcleo de las células, erradicando los efectos perniciosos de la expresión genética o reactivando o eludiendo funciones de la célula que ayuden o perjudiquen a la curación del paciente.

Otro ejemplo de los avances científicos en este campo va incluso más allá, ya que permiten modificar directamente el propio genoma. La última y más revolucionaria, la técnica de edición genética CRISPR, una suerte de bisturí a nivel molecular capaz de diseccionar el material genético, posibilita eliminar el gen no deseado y sustituirlo por otro en buen estado. La irrupción de CRISPR ha supuesto un avance sin precedentes para la ciencia médica, pues permite alterar, eliminar o reorganizar de manera muy precisa el ADN de cualquier organismo, incluido el de nuestra especie. Las primeras pruebas efectuadas con animales han dado buena cuenta de la capacidad de esta técnica para corregir defectos genéticos producto de mutaciones causantes, entre muchas otras, de enfermedades graves como la fibrosis quística o la hepatitis B.

Para alcanzar este grado de desarrollo, evidentemente, ha sido necesario un arduo trabajo de investigación en el que, año tras año, la ciencia ha ido ampliando sus conocimientos sobre los complejos procesos que regulan la genética. Hoy día sabemos, por ejemplo, que los genes del núcleo celular se hallan confinados en el interior de unas estructuras conocidas como cromosomas y que cada célula diploide —todas menos las sexuales— de nuestro organismo dispone de 23 pares de ellos, lo que implica que cada gen tiene un duplicado. Se estima que las personas tenemos entre 20 000 y 25 000 genes y que todo el conjunto de genes que albergan nuestros cromosomas tal como está dispuestos en nuestras células conforman el genoma humano.

Precisamente, entre 1990 y el año 2003, se desarrolló el Proyecto Genoma Humano que se propuso la hercúlea tarea de secuenciar un genoma humano completo. Las innovaciones técnicas aplicadas al proyecto permitieron que, pese a las dudas que despertó su ambicioso objetivo inicialmente, se completara de manera exitosa. Lo que en su día supuso una inversión de miles de millones de dólares y años de investigación coordinada en laboratorios repartidos por todo el planeta, hoy ya es posible llevarlo a cabo en apenas una jornada y de manera mucho menos costosa.

Es pues evidente el enorme avance que se ha producido en investigación genética en los últimos años, aunque nada de ello hubiera sido posible sin las esenciales aportaciones de los pioneros de esta disciplina, y especialmente de su principal impulsor, el monje y botánico austríaco Gregor Mendel. Aunque su trabajo cayó en el olvido durante décadas, su redescubrimiento a principios del siglo xx supuso el inicio de la genética como disciplina de trabajo en un marco de ciencia formal, caracterizada por la definición de problemas, el planteamiento de hipótesis y su comprobación mediante experimentos. Durante la primera mitad del siglo XX se definieron los conceptos básicos de la genética y se obtuvo un conocimiento incipiente de sus elementos fundamentales. Para ello se tuvieron que dar avances teóricos y tecnológicos en química, microbiología, e incluso en física: la estructura del ADN se obtuvo gracias a la difracción de rayos X, que es un procedimiento experimental que requiere un profundo conocimiento de la física de los átomos. En su libro ¿*Qué es la vida?*, publicado en 1944, el físico austríaco Erwin Schrödinger ya especulaba sobre la forma que podría tener una molécula que conservase la información genética, y apuntaba a una forma cristalina, como al final acabó demostrándose.

La primera etapa de adquisición de conocimiento de la genética culminó con la descripción del mecanismo de replicación del ADN por parte del biólogo británico Francis H. C. Crick y su colega estadounidense James D. Watson, en 1953. A ellos cabe atribuirles el hallazgo de la estructura de doble hélice, el modelo del ADN que conocemos y manejamos en la actualidad. Este proceso permite la duplicación del material genético, lo que al fin y a la postre hace posible que la información genética se transmita de una célula madre a otras células hijas y es la base de la herencia del material genético. El desarrollo de técnicas de biología molecular en la década de 1970 dio lugar a la ingeniería genética, es decir, la modificación de genes de organismos vivos para conseguir productos de interés, como los cultivos transgénicos.

El diagnóstico genético fue la primera aplicación de la genética a la salud humana. La posibilidad de detectar malformaciones y enfermedades antes del nacimiento supuso un avance innegable para la medicina. Hoy día, las pruebas genéticas prenatales son ya herramientas de inestimable utilidad para localizar dolencias muy específicas. Una de estas pruebas más significativas es el cariotipo, que revela gráficamente el conjunto de los cromosomas del feto y resulta esencial a la hora de diagnosticar enfermedades vinculadas con la herencia genética que tengan una incidencia elevada. Con el paso de los años, el abanico de opciones se ha visto ampliado, y ahora un diagnóstico genético permite seleccionar a los embriones que están libres de una enfermedad. Incluso, abre la puerta a la selección de un embrión concreto que pueda estar en disposición, una vez nacido, de servir de donante de tejido a sus hermanos para tratar determinadas patologías.

Estos primeros éxitos de la genética en el campo del diagnóstico prenatal permitieron pensar en el siguiente paso: la prevención y el tratamiento de enfermedades después del nacimiento. El buque insignia de la investigación sobre la genética humana es la ya citada terapia génica: la modificación de genes para corregir un defecto que puede causar una enfermedad. También es posible la terapia génica mediante una estrategia inversa: modificar genes para estimular algún sistema de defensa propio del organismo, para que pueda prevenir o curar una enfermedad. Un ejemplo en este sentido es la inmunoterapia del cáncer. La estrategia que siguen los investigadores en este campo es la de es estimular el sistema inmunitario del cuerpo para que detecte y destruya a las células causantes de tumores. En enero de 2017 investigadores de la Universidad de Michigan (EE. UU.) publicaron resultados prometedores en ratones con un cáncer muy agresivo del cerebro, el glioblastoma multiforme, usando una combinación de terapia génica y estimulación del sistema inmunitario. Las pruebas con humanos ya han empezado a realizarse.

Cada vez se conocen más y mejor los mecanismos biológicos que subyacen en las enfermedades humanas, desde las más leves a las más incapacitantes o incluso fatales. Muchas de ellas tienen un componente genético claramente identificado: según la base de datos Online Mendelian Inheritance in Man, actualmente ya se han descrito 3 315 genes que tienen un impacto conocido sobre 4 898 enfermedades, más otros 499 genes que están relacionados con la susceptibilidad a 700 enfermedades complejas o infecciones. Desde que en los años sesenta uno de los fundadores de la genética médica, el cardiólogo estadounidense Victor A. McKusick, iniciase este catálogo de genes relacionados con características humanas, incluidas las enfermedades, la tecnología ha avanzado tanto que ahora muchas de ellas pueden ser objetivo para desarrollar terapias de modificación genética que corrijan la mutación causante de la enfermedad.

Junto a las terapias génicas, la ciencia ha desarrollado otras estrategias y métodos de base genética cuyos objetivos también persiguen erradicar enfermedades que hasta el momento no disponían de tratamientos efectivos. La terapia celular, por ejemplo, ha mostrado notables éxitos y se ha revelado como una aliada especialmente útil para la terapia génica. En este caso, el método utilizado pasa por la introducción en el cuerpo de nuevas células sanas —en muchos casos, modificadas genéticamente— en un tejido u órgano para corregir un defecto o curar una dolencia.

Pero existen otros caminos para combatir la enfermedad a través de los genes. La terapia epigénetica, en este sentido, se diferencia de las anteriores porque no persigue alterar la secuencia de las bases del genoma. En su lugar, lo que se pretende es analizar los principales factores que pueden provocar el silenciamiento o la activación de un determinado gen, y cómo ello puede relacionarse de manera directa con la aparición de la enfermedad.

Diagnosticar, prevenir y curar. Actuar antes de que se inicie el mal, incluso, si es necesario en momentos previos al nacimiento. La capacidad que estamos adquiriendo para interpretar, modificar y manipular de forma deliberada el genoma puede conducirnos en el futuro a erradicar multitud de enfermedades hasta ahora incurables, consiguiendo alargar, así, nuestras expectativas de vida, e incluso diseñar nuestra propia evolución.

Los genes y el futuro del ser humano

Hace menos de dos siglos que el monje agustino y gran naturalista Gregor Mendel, tras largos años cruzando y mezclando distintas plantas de guisante, descubrió las leyes de lo que hoy conocemos como herencia genética. Nada podía hacerle pensar, en aquel tiempo de ciencia incipiente, que apenas ciento cincuenta años después, la investigadora estadounidense Jennifer Doudna y la francesa Emmanuelle Charpentier, desarrollarían una técnica capaz de editar, ya no el ADN de los guisantes, sino el propio genoma humano donde está contenida toda nuestra información genética. La llamada técnica CRISPR es una especie de tijera molecular que hace posible la eliminación de un material genético indeseado y la introducción de otro más favorable.

Gracias a esta técnica, hoy, por primera vez, los científicos pueden alterar, borrar y reorganizar de forma rápida y precisa el ADN, el principal constituyente del material genético de casi cualquier organismo vivo, incluido el de nuestra especie. Durante los últimos años, esta tecnología de edición genética ha transformado la biología.

La sencillez de la técnica le atribuye un enorme potencial, y ya ha provocado su rápida difusión y uso en diferentes países y continentes. Las aplicaciones son numerosas, desde los modelos transgénicos en la investigación básica, la agricultura y la ganadería, hasta el desarrollo de nuevos fármacos y la posible cura de enfermedades genéticas. Es precisamente en este ámbito donde, empleando modelos animales, investigadores de todo el mundo la han utilizado en sus laboratorios para aprender a corregir importantes defectos genéticos, entre ellos, las mutaciones causantes de enfermedades, como la distrofia muscular o la fibrosis quística, así como para eliminar el virus de la hepatitis B, una infección vírica hepática que afecta a más de 250 millones de personas en el mundo.

Pero las inmensas posibilidades de esta revolucionaria técnica en el ámbito de la salud no acaban aquí; recientemente, varios equipos la han usado también para intentar suprimir el VIH (virus de inmunodeficiencia humana) del ADN de células humanas. Por el momento, los resultados en todas estas patologías solo han tenido un éxito parcial, pero muchos científicos siguen convencidos de que la tecnología podría contribuir a curarlas. E incluso erradicarlas, como podría llegan a suceder con la malaria, gracias a mosquitos modificados con esta técnica para que sean incapaces de transmitirla. Al aparearse con sus congéneres, diseminarían un gen de resistencia a la infección de una generación a otra, hasta que muchos menos mosquitos, e idealmente ninguno, pudieran difundir esta letal enfermedad.

Las posibilidades son tan asombrosas que en todo el mundo hay equipos de investigación explorando el enorme potencial de esta revolucionaria técnica que puede llegar a alcanzar a todos los ámbitos de la vida y nos otorga un poder sin precedentes sobre nuestra propia naturaleza.

Sin duda, en menos de un siglo hemos dado pasos de gigante. El avance del conocimiento y del progreso científico ha sido colosal, en especial a partir del siglo xx cuando, en paralelo a la consolidación de la física cuántica y de la teoría de la relatividad, que convulsionaron la idea que teníamos del universo, del espacio y del tiempo, fuimos adentrándonos en los secretos de los genes, las unidades primordiales que almacenan la información que nos define como individuos. Aunque fue el botánico Wilhelm Johanssen quien les dio nombre en 1909, la idea de su existencia se remonta al Neolítico, cuando nuestros antepasados seleccionaban los mejores frutos y los usaban en las próximas cosechas. Incluso eran capaces de domesticar especies vegetales a conveniencia.

Hoy, cientos de siglos después, la evolución en el conocimiento de los genes nos ha llevado a encarar nuevos retos de la ciencia que van mucho más allá de la mera supervivencia. Dominar los entresijos de la transmisión de los caracteres hereditarios nos ha embarcado en una gran aventura que nos hace avanzar con paso firme hacia uno de los grandes anhelos de la humanidad: erradicar de nuestra propia naturaleza aquello que nos hace débiles frente a la enfermedad para conseguir vivir más años y en mejores condiciones. La genética se erige como el pilar básico de ese cometido.

LOS GENES Y LA TRANSMISIÓN DE LA HERENCIA GENÉTICA

En la actualidad sabemos que todos los seres vivos tienen genes, y que estos son los principales causantes de la variedad de la vida en nuestro planeta. De forma simple, se puede decir que un gen es un fragmento de ADN, una molécula hecha de ácido desoxirribonucleico, que contiene la información necesaria para el funcionamiento de cada una de nuestras células durante toda nuestra vida y constituye el vehículo de la herencia de padres a hijos. Con muy pocas excepciones, los genes poseen las instrucciones para hacer proteínas, las biomoléculas esenciales en la estructura y funcionamiento de las células. Los genes se hallan uno al lado de otro, formando hebras que se empaquetan dentro de cada una de nuestras células en unas estructuras denominadas *cromosomas.*

El tamaño y número de cromosomas varía según la especie. En el caso de los seres humanos son 23 pares de cromosomas, es decir, 46. Contamos con dos copias de genes, uno en cada par, situados en el mismo lugar de esa estructura. Esos «genes duplicados» se llaman *alelos*; uno lo hemos heredado del ADN materno y el otro del paterno y se expresará uno u otro dependiendo de si el carácter es dominante o recesivo. Solo los cromosomas sexuales, que forman el par número 23, siguen una regla distinta. En las mujeres, los dos son iguales y los denominamos XX, de modo que tienen dos versiones de cada gen localizado en esos cromosomas, igual que ocurre con los otros pares. En los hombres, sin embargo, ese par consta de dos cromosomas distintos, X e Y, muy diferentes en forma y tamaño, y también en contenido. Aunque tienen unos pocos genes en común, la mayor parte son exclusivos de uno o de otro.

Todo ese material genético, hecho de largas cadenas de ADN y proteínas (si lo extendiéramos, obtendríamos una tira de dos metros de longitud), se halla, a modo de réplica, en cada uno de los núcleos de nuestras células, de las que tenemos, más o menos, unos 30 billones. En cada tipo de célula, el ADN actúa como un manual de instrucciones. Todas tienen el mismo, pero cada célula tiene un capítulo u otro «resaltado en negrita» para que siga unas órdenes concretas, según qué parte del cuerpo constituya.

Esa molécula esencial conocida como ADN está formada por una doble cadena de unas unidades básicas llamadas *nucleótidos*, que resultan de la unión de tres compuestos: un tipo de azúcares simples o monosacáridos, ácido fosfórico y una de las cuatro bases nitrogenadas posibles. Estas bases son unos compuestos orgánicos cíclicos (una serie de átomos de carbono uni-

dos en forma de lazo o anillo) que son algo así como el «abece-
dario» genético, que es más bien corto porque tiene solo cuatro
«letras», correspondientes a los nombres de esas bases: la A de
adenina, la C de citosina, la T de timina y la G de guanina. El
ADN de una célula humana está formado por tres mil millones
de pares de bases y un gen resulta de unir varios miles de nucleótidos con una secuencia de bases concreta (fig. 1).

Si cogemos todo el conjunto de genes que albergan nuestros
cromosomas tal como está dispuesto en nuestras células, obte-
nemos el genoma humano. Este está compuesto por poco más
de 22 000 genes, menos que los 33 434 que tiene el de la vid y

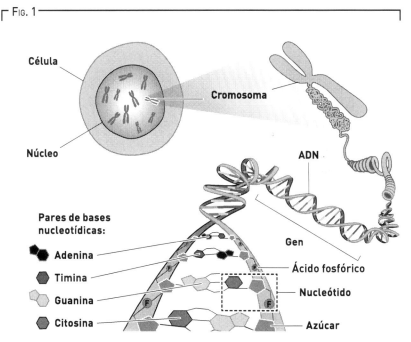

Fig. 1

Célula

Cromosoma

Núcleo

ADN

Pares de bases
nucleotídicas:

Adenina

Timina

Guanina

Citosina

Gen

Ácido fosfórico

Nucleótido

Azúcar

En la figura se muestra la estructura del ADN dentro del núcleo celular.
Organizado en cromosomas, el ADN, en forma de doble hélice entrelazada, es
una sucesión de nucleótidos formados por bases nitrogenadas.

aproximadamente los mismos que el de un ratón doméstico. Todo indica que no hay una relación entre el número de genes y la complejidad del organismo, como puede apreciarse en la tabla de abajo, y que las características que nos hacen ser humanos no están escritas de manera tan simple en el genoma. Y es que, en realidad, los genes que codifican proteínas ocupan solo un 2% del genoma. La utilidad del aproximadamente 98% de ADN restante es, hoy día, un misterio resuelto a medias. No en vano, hasta hace bien poco, se lo conocía como *ADN basura* porque no es codificante, es decir, no da ningún tipo de órdenes a las células. Pero hoy se sabe que ese ADN erróneamente calificado como basura tiene un papel esencial en la regulación de la expresión de los genes, pues es capaz de hacer que unos genes estén activos y que otros se mantengan inhibidos, aunque hará falta todavía seguir investigando para determinar exactamente cuál es su papel.

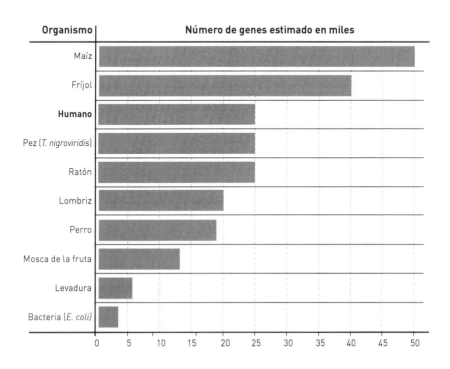

Pero ¿cómo procesa la célula las órdenes genéticas? Para comprender ese complejo mecanismo es necesario profundizar en los tres procedimientos que llevan a cabo esos ácidos nucleicos para sostener el entramado de la vida (fig. 2).

El primer paso es asegurarse la perdurabilidad, lo que hace mediante el proceso de la *replicación*, durante el cual el ADN parental se abre como si fuera una cremallera, y cada hebra ejerce de molde para sintetizar una nueva cadena, creando un copia idéntica formada por una parte «vieja» y una parte «nueva». El segundo es el que permite que las células puedan «leer» la secuencia de bases de los genes que alberga en su núcleo, la *transcripción*. Para las células es vital poder «comprender» esa secuencia genética para lanzarse a fabricar proteínas, esenciales para el desarrollo de los procesos biológicos. Pero, para ello, es necesario que la información genética se traslade desde el ADN que está empaquetado en el núcleo de la célula hasta el citoplasma —todo lo que hay entre el núcleo y la membrana—, donde se halla la maquinaria celular de síntesis de proteínas. De esa transcripción de datos se encarga otro ácido, el ribonucleico, conocido por sus siglas ARN, en concreto el denominado ARN mensajero, o ARNm. Este ARN mensajero, formado por una sola cadena en lugar de dos como el ADN, también contiene secuencias de «letras» agrupadas de tres en tres, pudiendo así copiar esas «palabras» únicas que encierra cada gen. En resumen, durante la transcripción la maquinaria celular copia la secuencia de genes en ese ARN mensajero. Y este, una vez realizado el proceso de copia, libera esos datos en el citoplasma y se inicia el tercer proceso, el de *traducción*, siguiendo una serie de reglas que constituyen el código genético. Una especie de «diccionario» que permite establecer la correspondencia entre los tripletes de bases y los aminoácidos. En la maquinaria celular, las encargadas de la traducción que hará posible la expresión de los genes son unas estructuras llamadas *ribosomas*.

FIG. 2

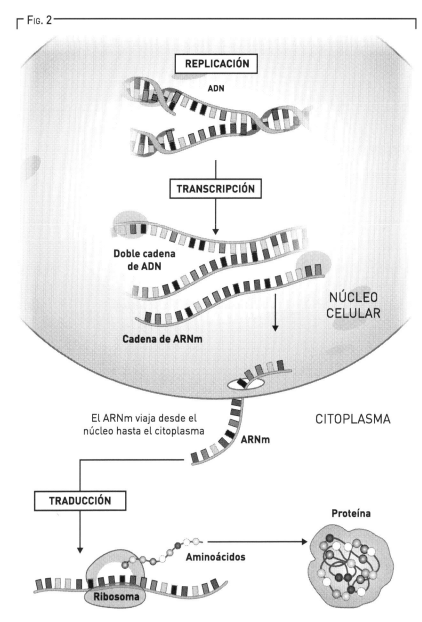

Los tres mecanismos gracias a los cuales se transmite y se expresa la herencia genética: la replicación, la transcripción y la traducción.

En ellas se leen los datos del ARN mensajero y se traducen a la secuencia de aminoácidos que constituirá una proteína concreta con una función determinada. Además del ARNm, otros tipos de ácido ribonucleico llevan a cabo importantes funciones no codificantes, es decir, que no se traducen en una proteína pero son imprescindibles en el desarrollo de ese complejo proceso. El papel de intermediario que hace el ARN lo convierte en una herramienta útil en algunas técnicas modernas de ingeniería genética, como veremos más adelante.

El planteamiento teórico de los tres procedimientos que llevan a cabo ADN y ARN fue expuesto ya en 1958 por el biólogo británico Francis H. C. Crick —quien cinco años antes había definido junto con su colega estadounidense James D. Watson la estructura de doble hélice del ADN— y se conoce como el *dogma central de la biología molecular*. Su hipótesis dice que el flujo de información en los sistemas biológicos va siempre en la misma dirección: el ADN se replica antes de que la célula se divida, con el fin de dotar a cada célula hija de una copia idéntica del material genético; después, una de sus cadenas —llamada cadena codificante— se transcribe a ARN, y finalmente este se traduce a proteínas. Pero la información contenida en las proteínas va en una sola dirección: no se puede transmitir de vuelta al ARN o al ADN. Esto es importante si hay que realizar una modificación genética, porque obliga a trabajar siempre con ADN si los cambios tienen que ser permanentes. Es decir, el ADN y el ARN modifican la proteína, pero un cambio en las proteínas no transmitirá la información al ADN y, por lo tanto, no pasará a la siguiente generación. Las terapias farmacológicas modifican el funcionamiento de las proteínas, y por eso su efecto se limita a la persona que toma el fármaco y al tiempo que dure su tratamiento. Las terapias génicas modifican el ADN de las células, y esas modificaciones deberían poder pasar a la siguiente generación celular.

Sin embargo, desde que Crick postuló su «dogma», los avances de la biología molecular y la genética han revelado la existencia de procesos entonces desconocidos que han obligado a incluir algunas excepciones. Uno de ellos es la *transcripción inversa*, un mecanismo que emplean algunos virus para sintetizar ADN a partir de ARN, y otro, la *replicación del ARN*, que también llevan a cabo ciertos virus. Estas capacidades extraordinarias convierten a los virus en herramientas muy útiles para la manipulación genética, como veremos enseguida.

LOS GENES EN ACCIÓN: EL GENOTIPO COMO MOTOR DEL FENOTIPO

Mendel se dio cuenta de que, en el proceso de la herencia, unos rasgos pasaban a los descendientes y otros no. O que ciertas características resurgían en la tercera generación. Él ya intuyó entonces que una cosa eran las características de los padres, y otra distinta las que se expresaban en sus hijos o nietos. Es decir, que había diferencias notables entre el *genotipo*, el grupo de genes que define a un individuo, y el *fenotipo*, que es ver cómo esos genes se expresan en las generaciones venideras. Aunque no acuñó esos términos (lo hizo tras su muerte el ya nombrado botánico danés Wilhelm Johannsen), Mendel sí los vislumbró en sus experimentos.

Desde el punto de vista de la ciencia genética, el fenotipo es el más decisivo. Dicho de otro modo, el fenotipo es el resultado visible de la expresión de un gen o de un grupo de genes o genotipo. En algunos casos, la relación entre el genotipo y el fenotipo es fácil de ver —siempre que se sepa dónde hay que mirar—. Y esa fue la suerte de Mendel: se fijó en unas características del guisante, como el color o la textura de la semilla, que además de ser fácilmente observables se transmiten de una generación a la siguiente de una manera sencilla y previsible. En los humanos esta transmisión simple también se da en algunas características físicas y en ciertas enfermedades. En otras, depende de más de un gen y es más difícil seguirles el rastro. El cabello pelirrojo, por ejemplo, se transmite de manera muy predecible porque es un rasgo que está relacionado con un único gen. Este codifica una proteína llamada MC1R, que regula la producción del pigmento que colorea la piel y el pelo. Si alguien quisiera tener un niño pelirrojo lo único que tendría que hacer es introducir una variante en este gen en alguna de las posiciones que, como se ha comprobado, están asociadas a esta coloración.

También es fácil seguir la transmisión de algunas enfermedades de base genética que se expresan en el fenotipo a través de la mutación de un alelo. Basta que una de las dos copias del gen sufra una alteración de la secuencia de nucleótidos del ADN, para que la enfermedad se manifieste: en estos casos, la mutación determina la dominancia del alelo. Esas enfermedades causadas por mutaciones dominantes son síndromes raros. Es lo contrario de lo que sucede en el caso de las enfermedades con herencia recesiva: puede que uno de los dos genes esté mutado pero que el otro ejerza su función con normalidad. Entonces, aunque la dolencia no se manifieste en el individuo portador de ese gen, sí podrá ser traspasada a los descendientes. Sin duda, hay numerosos ejemplos en los que las transmisiones genéticas son mucho más complejas. Para explicar, por ejemplo, por qué una persona tiene una determinada altura desde la perspectiva de los genes, hay que recurrir a la interacción de varios de ellos. Y no hay que olvidar algo muy importante: el ambiente tiene también una influencia en los genes que puede ser más determinante que la dotación genética parental. Hay toda una rama de la genética dedicada a ello. Se trata de la epigenética, cuyo objetivo es el estudio de los cambios heredables que no implican modificaciones en la secuencia del ADN. Es decir, de cómo el ambiente y los hábitos de vida influyen en nuestros genes sin que estos lleguen a mutar, pero sí a dejar huella en nosotros y en nuestros descendientes.

Por eso, indagar en las interacciones de los genes de los individuos es a menudo como buscar una aguja en un pajar. Mendel alcanzó a plantear sus tres leyes gracias a su pericia científica. Pero también porque trabajó con una planta, la del guisante, genéticamente simple, lo que le permitió observar, de forma ordenada y lineal, cada uno de los estadios que se sucedían, fruto de los cruces entre variedades y generaciones. Y es que comprender la extraordinaria complejidad entre la interacción genética, las mutaciones y la influencia del ambiente no es tarea fácil; pero es fundamental para poder afrontar la cura de enfermedades como el cáncer o la osteoporosis, que tanto pueden ser causados por la mutación de un solo gen como por la interacción de varias mutaciones. Otras enfermedades o rasgos marcados por un obvio componente genético, como el trastorno bipolar o el índice de masa corporal alterado, también responden a múltiples factores que complican nuestra capacidad de comprensión por los mecanismos moleculares que esconden.

Por todo ello, para avanzar en el conocimiento de todos los componentes que desencadenan la aparición de una enfermedad de base genética es indispensable la colaboración entre grupos de investigación de todo el mundo. Queda mucho camino por recorrer. Además de la novedosa técnica de edición genética CRISPR, otras vías de investigación están en marcha, como la de la genómica aplicada a la oncología o la de la epigenética, ya nombrada.

LA SECUENCIACIÓN DEL GENOMA

Una vez conocimos la estructura y las bases generales del funcionamiento de los genes, el siguiente gran hito fue adquirir la capacidad de secuenciarlos: conocer el «texto» que forman las cuatro bases nitrogenadas, A, C, G y T, tal y como están dispuestas en nuestro DNI genético. La primera piedra la colocó en 1975 el bioquímico británico Frederick Sanger, merecedor de dos premios Nobel de Química. El primero, en 1958, por obtener la secuencia de aminoácidos de la insulina, lo que permitió modificar la insulina animal, hasta entonces usada en pacientes diabéticos, y revertir sus frecuentes efectos adversos. El segundo galardón llegó en 1980 por desarrollar un método de secuenciación del ADN basado en la fragmentación de las largas cadenas de aminoácidos presentes en las moléculas de proteínas para después recomponer la estructura completa... y todo de forma manual. Con su técnica, precisa pero muy lenta, consiguió, dos años después, secuenciar el primer genoma completo: el del bacteriófago Phi-X174.

Su trabajo sentó las bases del Proyecto Genoma Humano, que entre 1990 y 2003 abordó la ingente tarea de secuenciar un genoma humano completo. Este ambicioso y mediático proyecto, que implicó a centenares de centros de investigación de todo el mundo durante más de una década, fue abordado de entrada con esta técnica de secuenciación tan rudimentaria. Sin embargo, durante la década de 1990, la lectura manual de bases fue sustituida por un método de lectura automática. De pronto, la cantidad de bases que se podía leer en un experimento se multiplicó, y el número de horas necesarias para obtener un resultado se redujo considerablemente. Los secuenciadores automáticos se convirtieron en máquinas de alto rendimiento. En los años que duró el Proyecto Genoma Humano, todos los adelantos implementados en los sistemas de lectura fueron, en el fondo, mejoras tecnológicas del método Sanger, lo que en innovación se conoce como «cambios incrementales»: hacer lo mismo, pero un poco mejor. Pero con la llegada del nuevo siglo se logró un cambio de paradigma: la denominada *Secuenciación de Nueva Generación* (NGS por sus siglas en inglés), que permite descifrar el genoma de una persona en un solo día, secuenciando pequeños fragmentos de ADN en paralelo, y reagrupándolos gracias a la bioinformática. Con esta técnica la precisión es altísima: cada una de las tres mil millones de bases del genoma humano se secuencia varias veces para maximizar la fiabilidad de los resultados. Para hacerse una idea del avance que han experimentado este tipo de técnicas baste decir que la secuenciación del primer genoma humano costó tres mil millones de dólares y tardó más de una década en completarse, mientras que hoy se puede obtener una por mil dólares y en menos de un día.

EL GENOMA COMO REGISTRO DE LA EVOLUCIÓN

La posibilidad de conocer los genomas de los seres vivos nos ha posibilitado emprender un viaje atrás en el tiempo y determinar qué rastro ha dejado la evolución de las especies en nuestros genes y descubrir cómo ha evolucionado nuestro genoma. La comparación del genoma humano con el de otras especies y la constatación de que compartimos genes iguales con seres vivos tan dispares como las moscas o las levaduras indica que algunas funciones importantes se han mantenido a través de las eras geológicas. Durante este tiempo se han ido incorporando a los genomas cambios que han impulsado la evolución en distintas direcciones. Algunos de estos cambios han sido puntuales y graduales, como determinadas mutaciones en una base de un gen que han conferido alguna ventaja y que se han consolidado e incluso han acabado creando una bifurcación evolutiva en la historia de la especie en la que aparecieron. Otros han sido dramáticos, con grandes movimientos simultáneos de genes. Ejemplo de ello es el cromosoma 2, el segundo más largo del genoma humano, que es el resultado de la fusión de dos cromosomas ancestrales (fig. 3).

> SANGER, PIONERO EN LA SECUENCIACIÓN DE ADN

El método que Frederick Sanger ideó para secuenciar el ADN se basaba en interrumpir la síntesis de la hebra de ADN mediante la mezcla
en la reacción de versiones modificadas de los cuatro nucleótidos que
lo forman. Estos nucleótidos modificados tenían una marca química
que permitía reconocerlos. Al principio las marcas eran de fósforo
radiactivo y se podían leer en una placa de radiografía; más adelante
fueron moléculas fluorescentes que se podían leer con un láser. Según
el lugar donde se hubiese interrumpido la síntesis tras la introducción de un nucleótido modificado, al final de la reacción se obtenía
una mezcla de hebras de distintas longitudes. Al separarlas por su
tamaño, las marcas radiactivas o fluorescentes se podían leer indivi-
dualmente y de esta manera reconstruir la secuencia de las bases de
un fragmento de gen.

— Frederick Sanger en su laboratorio de la Universidad de Cambridge, poco
después de recibir su primer Nobel.

Cromosoma 2 humano

Cromosomas 2 y 3 de chimpancé

El cromosoma 2 humano es el resultado de la fusión de dos cromosomas que nuestros parientes evolutivos cercanos mantienen separados, como se aprecia en los patrones de bandas representados arriba.

El chimpancé tiene secuencias casi idénticas a las del cromosoma 2 humano pero, en su caso, están repartidas entre dos cromosomas distintos. Todo esto parece indicar que, en algún momento de la evolución, ambos cromosomas se unieron por los extremos y dieron lugar a un único cromosoma. La composición actual de los genomas es, por tanto, el resultado de una multitud de cambios que han pasado por el filtro de la selección natural.

Millones de años de evolución han dispersado a los vertebrados en todas las direcciones y, sin embargo, la comparación de los genomas de dos vertebrados cualesquiera muestra semejanzas que hubieran sorprendido a los pioneros de la biología evolutiva del siglo XIX. Este asombroso parecido nos hace preguntarnos dónde reside la esencia de la humanidad.

Así, la secuenciación y comparación de genomas entre humanos y chimpancés ha confirmado que los porcentajes de diferencia son muy pequeños. Unos pocos miles de bases entre los tres mil millones que forman el genoma son los que distingue a *Homo sapiens* de un chimpancé.

El grupo del genetista estadounidense Yoav Gilad, al frente de los estudios de genética humana en la Universidad de Chicago, ha publicado durante los últimos años varios trabajos sobre las diferencias genéticas entre los humanos y sus parientes evolutivos más cercanos, los chimpancés y los macacos. Sus trabajos muestran que, aunque sus genomas son extraordinariamente parecidos en cuanto a la secuencia de bases, las diferencias son muy grandes en los elementos reguladores que controlan la expresión de sus genes. Estos elementos reguladores son secuencias no codificantes del ADN, ese ADN basura al que antes hemos hecho referencia, y otras señales bioquímicas que o bien indican a los genes cuándo y cómo expresarse o bien inhiben su expresión.

En definitiva, son más las diferencias en estos elementos reguladores, y no los genes, las que determinan la distinción entre humanos, chimpancés y macacos. En el caso de los chimpancés, Gilad ha visto diferencias de hasta un 40 % en los elementos reguladores de la expresión genética. Así, son estos los que actúan sobre genes concretos, imprimiendo a unos características que no tienen otros.

¿Qué es entonces lo que nos hace humanos? ¿Podemos incidir sobre estos elementos y empujar la evolución en alguna dirección concreta? Un criterio para definir la línea entre ser humano y no serlo es la pertenencia a la misma especie, definida por la capacidad de tener descendencia fértil.

Al respecto, en su libro *El cuento del antepasado* (2004), el biólogo británico Richard Dawkins plantea un experimento mental. Dawkins imagina a una persona actual que viaja hacia el pasado, dando saltos de mil años cada vez. En el año 1017 podría aparease con un humano de la época y tener descendencia fértil. Si retrocediese otros mil años, esta vez en compañía de su antepasado del año 1017, ambos podrían aparearse con personas del año 17 y, de nuevo, tener descendencia fértil. Esto se podría repetir durante miles de años, cada vez llevando un milenio hacia atrás a un ancestro de la última etapa visitada. En el año 10000 a.C. o 40000 a.C. el resultado sería el mismo. Sin embargo, llegaría un momento en que ya no sería

posible de ningún modo proseguir con el experimento. El ancestro que solo hubiese retrocedido mil años podría procrear
sin problemas, pero la persona que inició el viaje presentaría
diferencias genéticas demasiado grandes con su antepasado
para permitir que su descendencia fuese fértil, quizá, ni siquiera sería viable. Entre un salto y el siguiente aquellos homínidos pasaron a ser humanos. El cambio fue gradual, pero
no por eso deja de ser totalmente radical. El hipotético viaje
mental de Dawkins ilustra que la aparición de la humanidad,
aunque sea un proceso continuo, tiene un fundamento genético
que afecta a aspectos funcionales concretos de los individuos.
Diversos aspectos que, cuando se encuentran todos juntos,
configuran el nacimiento de una nueva especie. Quizás, en una
humanidad capaz de modificar sus genes de manera controlada y dirigida, el criterio de reproducibilidad antes citado podría
ser sustituido por otro distinto, basado en nuevas capacidades
adquiridas gracias a la modificación de nuestros genes. Y ¿hasta
qué punto estaríamos cerca de que este escenario pudiera darse? La alteración de nuestra propia genética es algo que, de hecho, la ciencia persigue desde el momento en que descubrió
la existencia del ADN. En el siglo XXI las herramientas para
cortar, copiar, pegar, colorear y modificar los genes son ya una
realidad y se han vuelto cada vez más sofisticadas y precisas.

EDICIÓN GENÉTICA: LA POSIBILIDAD DE CAMBIAR
NUESTROS GENES

Antes de conocer cómo podemos interpretar y modificar esos
genes, es importante tener presente una distinción tan básica
como fundamental, la existente entre las líneas somática y germinal, o lo que es lo mismo, entre las células que conforman el
cuerpo y las que producen células reproductivas.

> UN EJEMPLO EVOLUTIVO RECIENTE: LA ANEMIA FALCIFORME

Un estudio de la Universidad de Chicago publicado en 2006 identificó varios centenares de genes que han evolucionado en épocas recientes. La anemia falciforme la causa una mutación que altera la capacidad de la hemoglobina para transportar oxígeno y deforma los glóbulos rojos. Las personas con las dos copias del gen mutadas sufren una forma grave de anemia pero los que solo tienen una copia del gen mutada producen hemoglobina normal y, además, están protegidos contra la malaria porque el parásito no infecta eficazmente los glóbulos rojos deformes. Debido a ello, la selección ha presionado para mantener la mutación en poblaciones originarias de países donde la malaria es endémica. Las variantes genéticas que protegen contra la malaria han aparecido hace entre tres mil y cuatro mil años (un instante en términos evolutivos), pero están presentes en un 10 % o un 15 % de la población de las zonas afectadas por la malaria. Esto indica que si una mutación confiere una ventaja, puede consolidarse rápidamente.

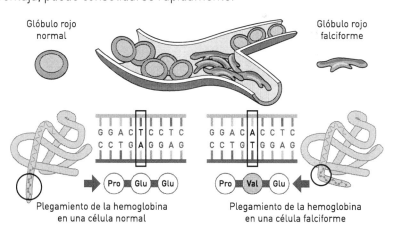

— En la anemia falciforme, el cambio de un aminoácido provoca un plegamiento diferente de la hemoglobina, que la hace menos eficiente para transportar oxígeno y deforma los glóbulos rojos, que circulan peor por los vasos sanguíneos.

Las primeras, las *células somáticas*, son las que forman los órganos, los tejidos y cada una de las estructuras del cuerpo. Estas células están confinadas en la persona que conforman. Cualquier cambio que se dé en ellas, para bien o para mal, desaparece del acervo genético de la especie cuando la persona portadora fallece. En cambio, las *células germinales* son las que forman los gametos, las células implicadas en la reproducción. Si una modificación introduce un cambio en las células que darán lugar a los óvulos o los espermatozoides, este cambio puede pasar a la siguiente generación. Y no solo eso, sino que esa nueva hornada lo incorporará en todas las células del cuerpo, las somáticas y las germinales, con lo que el cambio puede llegar a consolidarse en la especie.

Richard Dawkins, el artífice del imaginario viaje hacia atrás en el árbol genealógico de los homínidos, popularizó el concepto de «gen egoísta», según el cual un ser vivo es la manera que tienen los genes de perpetuarse. Pero eso encaja solo con las células germinales, porque cualquier mutación que confiera una ventaja a un individuo frente a sus competidores no le servirá de mucho a su especie si no la puede transmitir. Si una persona experimentase una variación genética en sus células somáticas que le permitiese, por ejemplo, un mejor aprovechamiento del oxígeno, esta persona podría ganar carreras ciclistas o maratones más fácilmente que sus competidores. Sin embargo, si esta mutación no estuviese presente en sus células germinales, sus hijos no la heredarían y esta ventaja se extinguiría con ella y no se consolidaría en la especie. Por eso, en el contexto de la manipulación genética, la distinción entre línea somática y línea germinal es relevante, y la primera cuestión que debe considerarse es a cuál de las dos afectará una determinada modificación. Por cuestiones técnicas, es más fácil trabajar con cigotos y embriones que con un individuo adulto. Pero intervenir en este estadio tan temprano del desarrollo implica casi con toda seguridad que la modificación que se introduce va a afectar a la línea germinal. Ciertamente es posible que en la manipulación de individuos adultos la modificación también afecte a la línea germinal, pero en este caso se puede intentar encontrar estrategias alternativas que lo eviten.

LA BASE DE LA INGENIERÍA GENÉTICA: LAS ENZIMAS DE RESTRICCIÓN Y EL ADN RECOMBINANTE

Un hallazgo que abrió las puertas a la ingeniería genética en toda su extensión fue el descubrimiento, en la década de 1970, de las *enzimas de restricción*, también llamadas *endonucleasas*, las cuales reconocen secuencias específicas del ADN y lo cortan en puntos específicos. Los microbiólogos Werner Arber, Daniel Nathans y Hamilton Smith ganaron el premio Nobel de Medicina de 1978 por ese descubrimiento, el cual llevó al desarrollo de la tecnología del ADN recombinante. Esta se basa en la creación *in vitro*, es decir, fuera de la célula, de moléculas artificiales de ADN hechas de secuencias de ADN de dos organismos distintos. La mezcla genera un nuevo ADN que, cuando es introducido en un organismo, modifica sus genes de forma que permite la introducción de un nuevo fragmento de ADN capaz de contrarrestar, por ejemplo, enfermedades heredadas. En 1972, por ejemplo, se descubrió una enzima que permite pegar ADN, la ligasa, y con ella dos estadounidenses, el estudiante de doctorado Peter Lobban y el bioquímico Paul Berg, ambos de la Universidad de Stanford, crearon ese año de forma independiente la primera molécula de ADN recombinante.

Gracias a todos esos hallazgos, cortar y pegar trozos de ADN se convirtió en un procedimiento básico en los laboratorios de biología molecular de todo el mundo, en especial a partir de la década de 1980. Eso ha permitido, entre otras cosas, modificar bacterias para describir vías metabólicas, modelar en animales enfermedades que afectan a los humanos o modificar los genes de algunas plantas para obtener especies más resistentes en agricultura.

Hoy, la modificación mediante enzimas de restricción es una herramienta rutinaria de investigación, y ha servido para modificar el genoma de muchos organismos, pero es poco práctica para intervenciones que requieren modificaciones pequeñas en genomas grandes. Cada enzima de restricción reconoce una secuencia de unas cinco o seis bases y, cuando la encuentra, corta el ADN en ese lugar o cerca de él, en un punto concreto. En un genoma humano entero esta secuencia se repite muchas veces, lo que complica muchísimo el trabajo. Por ello, las nuevas técnicas de edición de genes persiguen poder introducir pequeñas modificaciones en el ADN, tan pequeñas que el corte solo afecte a una única base, lo que permite mucha más «puntería». A finales de los años ochenta y a principios de los noventa se empezaron a poner los cimientos de lo que se conoce como tecnología CRISPR.

EL CRISPR: UNA NUEVA FORMA DE EDITAR GENES

La revolucionaria técnica CRISPR es, sin duda, uno de los mayores avances en los últimos tiempos en materia de edición genética. El nombre CRISPR responde al acrónimo Clustered Regularly Interspaced Short Palindromic Repeats, es decir, repeticiones cortas de secuencias de bases que se leen igual de izquierda a derecha como al revés, de ahí que las llamen palindrómicas. Dichas secuencias de bases repetidas están presentes en las células procariotas de muchos tipos de microorganismos, como bacterias o arqueas, y están vinculadas a unos genes que codifican un tipo de proteínas asociadas denominadas Cas (por CRISPR *associated proteins*). El binomio

CRISPR-Cas constituye un potente sistema de defensa antivirus. Cuando un virus infecta a una célula que dispone de este mecanismo, las proteínas Cas cortan el ADN extraño. Después, incorporan fragmentos del mismo a la secuencia CRISPR, donde se introducen como separadores de las secuencias palindrómicas. De esa forma, en el futuro, si esa célula o sus hijas son infectadas por el mismo virus, serán capaces de destruir su ADN con más eficacia, porque habrán adquirido inmunidad. La observación de este mecanismo de defensa natural inspiró el desarrollo de la tecnología CRISPR para la edición de genes. En este hallazgo cabe destacar el papel esencial del microbiólogo español Francisco Juan Martínez Mojica, investigador en la Universidad de Alicante, pues fue quien descubrió este extraordinario mecanismo de defensa de las bacterias y las arqueas en 2003, tras estudiar durante una década una comunidad microbiana en una laguna. De hecho fue él quien acuñó el hoy famoso término CRISPR, tras atisbar en esos microorganismos esas secuencias repetidas. Esta técnica, desarrollada por las investigadoras Jennifer Doudna y Emmanuelle Charpentier, se basa en la introducción en una célula de la proteína Cas9, una endonucleasa, y una secuencia de ARN guía al que se le ha efectuado una modificación genética, por ejemplo, para corregir una mutación determinada. En ese momento, el sistema CRISPR reconoce la «orden» y corta la base seleccionada en el cromosoma correspondiente. Como consecuencia, la hebra de ADN de esa célula sufre un corte, pero la máquina celular es capaz de rellenar ese hueco con una base nitrogenada. El proceso obliga a la célula a tomar como referencia la secuencia modificada que se le ha introducido y, de esa manera, se puede «editar» un gen concreto, cambiando una única letra de su mensaje. Hasta el desarrollo de la tecnología CRISPR, ninguna de las técnicas de ingeniería genética había alcanzado este nivel de precisión ni abría las posibilidades en genes humanos que esta augura. Y

> LAS TIJERAS DEL GENOMA

La tecnología CRISPR-Cas, que funciona a partir del sistema de defensa de las bacterias, consta de una enzima que utiliza una molécula de ARN como guía para ayudar a identificar y cortar un segmento preciso de cualquier genoma. Con esto se ha desarrollado una po-

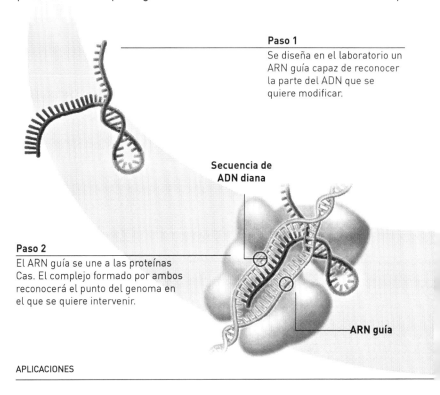

Paso 1
Se diseña en el laboratorio un ARN guía capaz de reconocer la parte del ADN que se quiere modificar.

Secuencia de ADN diana

Paso 2
El ARN guía se une a las proteínas Cas. El complejo formado por ambos reconocerá el punto del genoma en el que se quiere intervenir.

ARN guía

APLICACIONES

Cirugía genética
Haría posible corregir genes defectuosos relacionados con multitud de enfermedades tanto en personas adultas como en embriones humanos.

Desarrollo de fármacos
Permite manipular circuitos biológicos para obtener materiales sintéticos útiles para el transporte de fármacos, así como la creación de medicamentos nuevos.

derosísima herramienta para editar genes de una forma sencilla, específica y programada, que ha disparado las expectativas en torno a sus inmensas aplicaciones, que abarcan desde la biología básica hasta la biotecnología y la medicina.

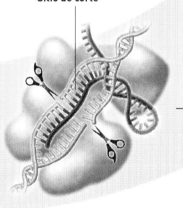

Paso 4
La maquinaria celular repara el corte. Al hacerlo se introducen los cambios deseados en el gen.

Sitio de corte

Paso 3
La proteína Cas, guiada por el ARN, busca la secuencia específica y la corta.

Investigación y biotecnología
Permite investigar el efecto de mutaciones genéticas o las variantes epigenéticas asociadas con la alteración de la función biológica o los fenotipos de la enfermedad en modelos animales o celulares.

Cambios ecológicos
La modificación de poblaciones de mosquitos podría prevenir la malaria u otras enfermedades transmitidas por insectos, como el zika, el dengue o la fiebre amarilla.

probablemente esa no sea la única ventaja del método: la técnica CRISPR, además de aportar especificidad, tiene muchos menos riesgos de provocar efectos secundarios.

Aunque la aplicación de la técnica CRISPR en humanos se halla en estado incipiente, ya se han dado pasos que auguran victorias sobre varias enfermedades y hay intentos prometedores, como los llevados a cabo por científicos chinos, que han comprobado que puede resultar de suma utilidad para combatir la beta talasemia, una anemia hereditaria muy grave, y el cáncer de pulmón. O los obtenidos por investigadores de dos centros estadounidenses, que lograron corregir una mutación genética que causa ceguera actuando sobre las células madre de un paciente.

Hay unanimidad al vaticinar que la técnica procurará éxitos en muchos más ámbitos, pues, en resumen, permite trasplantar células sanas a un paciente tras haber eliminado una mutación genética concreta. Es un campo de acción increíblemente amplio, especialmente si, como se prevé, la técnica, hoy centrada en la proteína Cas9, se amplía a otras muchas proteínas Cas.

LOS VECTORES, TRANSPORTADORES DE GENES MODIFICADOS

Todas esas técnicas para introducir nueva información genética en el cuerpo de un organismo necesitan un vehículo que transporte esa valiosa carga. Es decir, requieren la presencia de un *vector*. Ese término describe también a muchos seres vivos capaces de transmitir un agente infeccioso a otro individuo, como por ejemplo el mosquito *Aedes aegypti*, que transmite con su picadura el virus del dengue. O las garrapatas, que al morder transmiten la bacteria del tifus. Por analogía, las herramientas que usamos para introducir nueva información genética en el cuerpo de un organismo también se llaman vectores, aunque estas no transmiten infecciones, y en muchos casos no son ni siquiera organismos vivos.

Algunos de estos vectores son muy poco específicos, ya que se basan en procesos no biológicos, por ejemplo, la inyección directa de ADN. Un fragmento de ADN inyectado directamente en el músculo puede entrar en las células y expresar los genes que lleva, pero la eficiencia es demasiado baja para que se note ningún efecto. Para mejorar el resultado de la inyección directa se ha intentado optimizar la entrada mediante descargas eléctricas que abren poros en las células, lo que se conoce como *electroporación*. Otra técnica para introducir genes, en este caso en plantas, es la *biolística*, que consiste en envolver el ADN en nanopartículas de oro que se disparan a presión contra un tejido. Sin embargo, todas ellas tienen el problema en la aleatoriedad en la entrada de las células que hace que el control sobre sus efectos sea mínimo.

Los primeros vectores que se plantearon para introducir genes en un organismo de manera más o menos controlada fueron los virus (fig. 4). La elección fue fácil, porque los virus necesitan entrar en las células de sus huéspedes para completar su ciclo. Recordemos que hay debate sobre si estos seres microscópicos deben o no considerarse seres vivos: ciertamente, contienen información genética que transmiten a su descendencia, pero no son organismos autónomos que puedan realizar todo su ciclo vital de manera independiente.

Y es que un virus es un poco de material genético envuelto por una cubierta de proteínas llamada *cápside*. Al entrar en la célula intercepta su funcionamiento normal y toma el mando, haciendo que los orgánulos celulares suplan su incapacidad de reproducirse produciendo nuevos virus, que salen de la célula para empezar un nuevo ciclo. A veces el cuerpo reacciona contra esas infecciones y esto se manifiesta en forma de enfermedades. En otras ocasiones, la infección es asintomática y el cuerpo acaba eliminando los virus sin que nos enteremos. En muchos casos hay un período asintomático, durante el cual los virus se

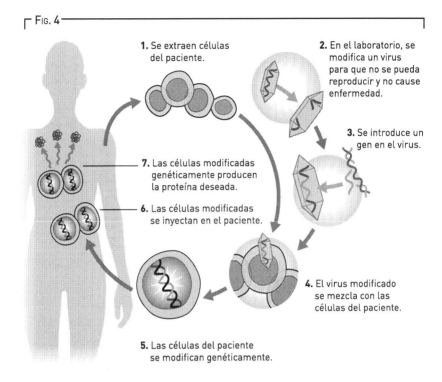

FIG. 4

1. Se extraen células del paciente.

2. En el laboratorio, se modifica un virus para que no se pueda reproducir y no cause enfermedad.

3. Se introduce un gen en el virus.

7. Las células modificadas genéticamente producen la proteína deseada.

6. Las células modificadas se inyectan en el paciente.

4. El virus modificado se mezcla con las células del paciente.

5. Las células del paciente se modifican genéticamente.

La figura representa una terapia *ex vivo*, en la que el gen se introduce en células extraídas del cuerpo del paciente. En la terapia *in vivo* el virus se inyecta directamente en el cuerpo del enfermo.

multiplican dentro de las células, y un período sintomático, en el que las destruyen.

Existen distintos tipos de virus. Desde el punto de vista de la manipulación genética, nos interesa diferenciar entre los que se integran en el genoma y los que no. Los primeros pertenecen al grupo de los *retrovirus*, que se caracterizan porque están formados por una hebra de ARN y un conjunto de proteínas. Al entrar en la célula, el ARN de estos virus se transcribe a ADN. A este proceso de transcripción inversa, poco habitual en la naturaleza —incumple, como se indicó, el dogma central de la biología molecular explicado anteriormente—, deben su nombre los retrovirus. El ADN que resulta de la transcripción inversa se integra en el genoma de las células del huésped, lo que puede tener consecuencias importantes. A pesar de que gran parte del ADN humano no contiene genes codificantes, cualquier integración al azar puede interrumpir la secuencia de un gen, o de una región reguladora, con lo que la infección por un retrovirus puede causar complicaciones graves más allá de la enfermedad infecciosa, como por ejemplo un cáncer. Por otro lado, el ADN integrado en la célula se transmitirá a las células hijas cuando esta se divida. Asimismo, un retrovirus en una célula germinal se transmitiría a la descendencia. El retrovirus más conocido es el VIH, que causa el sida. Este pertenece al grupo de los *lentivirus,* un tipo de retrovirus muy utilizados como vectores virales que tienen algunas características particulares. Por ejemplo, a diferencia de otros virus, estos pueden infectar tanto células en división como aquellas que no lo están. La prueba que indica que a lo largo de la evolución de nuestra especie se han dado muchas infecciones retrovirales que han conseguido establecerse y transmitirse es que alrededor de un 8 % del genoma humano es originalmente vírico.

Otro tipo de virus son los que no integran su genoma en el de la célula, sino que se mantienen completos dentro de ella hasta que llega el momento de salir e infectar otras células. Su efecto, por tanto, es transitorio. Dentro de esta categoría, los virus más usados en terapia génica son los *adenovirus,* causantes de gastroenteritis y conjuntivitis, entre otras enfermedades, y los virus *adenoasociados,* que pueden infectar nuestras células sin causarnos ninguna enfermedad. Esta propiedad es muy interesante para terapia génica, ya que pueden ayudar a minimizar el riesgo de efectos secundarios adversos.

Ambos tipos de virus, retrovirus y adenovirus, resultan, pues, muy útiles en el campo de la manipulación genética. Sus respec-

Virus	Material genético	Capacidad de empaquetamiento (kb)	Integración en los cromosomas
Retrovirus	ARN	8	Sí
Adenovirus	ADN de doble cadena	30	No
Virus adenoasociados	ADN de cadena sencilla	5	No
Lentivirus	ARN	8	Sí
Virus del herpes simple 1	ADN de doble cadena	40	No

tivas características aportan tanto ventajas como desventajas a la hora de usarlos como vectores de genes, en especial respecto a su capacidad de empaquetamiento y de integración en los cromosomas, como puede apreciarse en la tabla de la página siguiente. Según el caso, se trabaja con unos u otros.

Uno de los factores limitantes del uso de virus como vectores es su escasa capacidad para empaquetar material genético. Los virus son pequeños, y tienen el genoma mínimo que necesitan para replicarse. Al añadir material genético adicional dentro de una cápside vírica se corre el riesgo de que el virus no se empaquete y, por lo tanto, no pueda infectar las células a las que va destinado ese material, conocidas como *células diana*. Para ganar espacio se eliminan partes del genoma vírico —lo que, por otro lado, es una medida de seguridad muy recomendable para evitar que el virus siga su ciclo normal de infección y provoque sus efectos patógenos—. Aun así, no siempre es posible empaquetar un gen humano dentro de una cápside. Los virus disponibles actualmente como vectores pueden empaquetar entre 3 kb (una kilobase, kb, son mil pares de bases) y 8 kb, con algunas excepciones como el virus *Vaccinia* y algunos virus del herpes, que pueden empaquetar hasta 40 kb.

Como referencia, el gen CFTR (acrónimo de Cystic Fibrosis Transmembrane Conductance Regulator), que codifica una proteína implicada en la fibrosis quística, mide 4,4 kb si solo se tiene en cuenta la secuencia codificante. Este tamaño está dentro del rango de lo que se puede empaquetar. Sin embargo, los genes también contienen secuencias no codificantes, llamadas *introns*, intercaladas con las secuencias codificantes o *exones*, y también elementos reguladores antes o después de las secuencias que codifican proteínas. Al no incluir estos elementos, es posible que la expresión del gen sea sustancialmente diferente a la que se da en su entorno normal.

Esta limitación del tamaño puede tener impacto o no, en función de cada caso. A diferencia del gen CFTR, que es relativamente pequeño, la secuencia del gen que codifica la proteína BRCA2, (por Breast Cancer Type 2 susceptibility protein), implicado en la susceptibilidad a sufrir cáncer de mama, mide 11,4 kb. Con este tamaño es imposible intentar una terapia génica con vector vírico para este gen, a menos que se trabaje con vectores muy concretos con alta capacidad de empaquetamiento. Y, por supuesto, no se pueden incluir secuencias reguladoras ni otros materiales adicionales, lo que puede disminuir mucho el éxito del procedimiento.

Aunque queda todavía un largo camino para superar estas y otras limitaciones técnicas, el progreso de la genética nos proporciona cada vez más herramientas para modificar nuestros genes de manera controlada y predecible. Estamos dando los primeros pasos y aún no dominamos del todo sus entresijos, pero es solo una cuestión de tiempo poder realizar intervenciones de gran alcance y complejidad. De hecho, estamos viendo ya cómo algunas posibilidades impensables hasta hace poco se materializan, aunque sea en entornos experimentales y a pequeña escala.

El contexto sugiere que estas modificaciones podrían acabar en un futuro cercano con numerosas enfermedades para las que hoy no existe cura. Pero no solo eso: ¿podríamos editar nuestros genes para modificar las características de nuestra especie? ¿Nos permitiría esto diseñar nuestra propia evolución y controlar por primera vez las mutaciones que nos ayuden a adaptarnos al entorno? Para alcanzar este punto, aún son muchos los interrogantes por resolver, aunque en la actualidad ya hemos recorrido buena parte del camino.

De Mendel
a la genómica

Desentrañar cómo se transmiten las características biológicas de los seres vivos de una generación a otra y cuáles son las estructuras celulares que se encargan de ello fue uno de los grandes retos de las ciencias de la vida durante el siglo xx. Nació así una nueva disciplina científica, a la que se denominó *genética*, y cuyo desarrollo durante las décadas posteriores fue capaz de abrir un nuevo horizonte para la biomedicina, en especial gracias al enorme potencial de las herramientas tecnológicas con las que los investigadores han sido capaces de dotarla. De hecho, la irrupción de estos progresos técnicos ha permitido que las fronteras entre la simple observación y la modificación consciente se hayan desdibujado hasta prácticamente desaparecer.

Fue durante el siglo pasado cuando el campo de la genética experimentó una profunda revolución. Tras las aportaciones realizadas por investigadores como Oswald Theodore Avery, Colin MacLeod y Maclyn McCarty, quienes lograron en 1944 aislar ADN como material genético y demostrar que este era «el principio generador», en 1953 se produjo un hecho que resultó clave para la comprensión de los mecanismos de la transmisión de la herencia: la definición de la estructura de la doble hélice del ADN.

A este hito, realizado por los científicos Watson y Crick, le sucedió el auge de la biología molecular y, más tarde, en la década de 1970, el de la ingeniería genética, un período caracterizado por el desarrollo de técnicas que abrieron la posibilidad por primera vez de modificar el ADN. Todavía se estaba lejos de poder aplicar estos hallazgos en el campo de la medicina, y más concretamente en el tratamiento de enfermedades humanas, pero era indudable que los pasos de la genética ya la encaminaban hacia ese objetivo. De hecho, en la década de 1980, los científicos empezaron a descubrir e identificar determinados genes causantes de enfermedades concretas. Las puertas de las terapias génicas, de cómo emplear el conocimiento y la modificación genética al campo de la salud empezaron a entreabrirse.

La secuenciación de los primeros genomas de organismos vivos y, en especial, el del genoma humano, llevado a cabo entre 1990 y 2003, culminó esa fructífera etapa que dio el pistoletazo de salida a la era genómica. Aquí nos hallamos ahora, en una fase caracterizada por la generación masiva de datos sobre genomas enteros, en la que la información que revelan es infinitamente superior a los resultados obtenidos durante los inicios de la biología molecular. No obstante, es importante tomar perspectiva de todo el camino recorrido para valorar debidamente el alcance de los logros obtenidos hasta el momento. De hecho, todo empezó con algo tan pequeño y aparentemente sin importancia como un guisante.

EL AMANECER DE LA GENÉTICA

Como ya se ha señalado, fue Gregor Mendel quien sentó, en 1865, las bases de la genética como disciplina. Su gran acierto fue convertir un fenómeno misterioso en un hecho experimental, que podía reducirse a un conjunto de reglas básicas, posteriomente conocidas como las *tres leyes de Mendel.*

Para poder formularlas, el biólogo realizó experimentos exhaustivos y sistemáticos con plantas de guisante en los que controló minuciosamente los cruces que realizaba. Así podía decidir si dejaba que las plantas, como hacen frecuentemente, se autofertilizaran —la flor libera a través de los estambres, el órgano de reproducción masculino de algunas flores, granos de polen que van a parar a la punta del carpelo, en este caso el órgano de reproducción femenino, donde se halla el óvulo, lo que permite la fecundación y, por lo tanto, la reproducción de la planta— o, si por el contrario, lo que quería era una fertilización cruzada, que provocaba que el polen que fecundaba el óvulo procediera de una planta distinta. A la luz de los resultados obtenidos, desarrolló cuatro hipótesis. Una, que existen dos formas alternas (los alelos) de cada uno de los caracteres hereditarios (los futuros genes). Dos, que cada hijo recibe dos formas de una característica heredada, una de cada progenitor (un alelo viene del padre y el otro de la madre). Tres, que las células sexuales (gametos), carpelos y estambres, no portan dos alelos, sino solo uno. Y cuatro, cuando un individuo tiene dos alelos diferentes y es uno el que se expresa y el otro no, eso significa que tiene un alelo dominante y otro recesivo. Si un individuo tiene dos alelos diferentes se denomina *heterocigoto*, y si son iguales, *homocigoto*. Tras comprobar la veracidad de estas hipótesis estableció una primera ley, que denominó de *la uniformidad de los heterocigotos de la primera generación filial*, que establece que, al cruzar individuos de dos razas puras distintas (generación progenitora [P]), la descendencia será heterocigótica y todos los individuos serán iguales (fig. 1A). Es decir, que al mezclar guisantes de color amarillo (carácter dominante, AA) con guisantes verdes (color recesivo, aa), el resultado son descendientes amarillos.

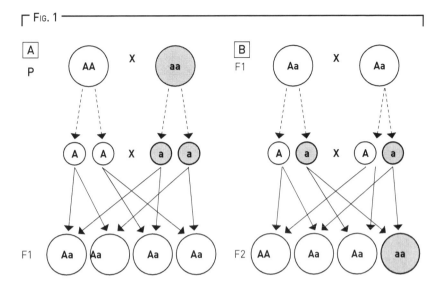

Las figuras A y B muestran, respectivamente, los experimentos de Mendel que le llevaron a enunciar su primera y segunda ley.

La segunda, *la ley de la segregación de los caracteres en la segunda generación filial*, establece que para que exista la reproducción de dos individuos de una especie, primero debe existir la separación del alelo de cada uno de los pares de alelos (segregación). De este modo se transfiere la información genética al hijo. Eso lo comprobó al cruzar semillas amarillas de la primera generación filial (F1), obtenidas en el experimento anterior. Como resultado obtuvo semillas amarillas y verdes, estas últimas en menor proporción (fig. 1B).

Por último, la *ley de la distribución independiente de los caracteres hereditarios* señala que al cruzar varios caracteres los rasgos se heredan independientemente uno de otro. Mendel llegó a esta conclusión tras cruzar guisantes amarillos y lisos (dominantes, AARR) con verdes y rugosos (recesivos,

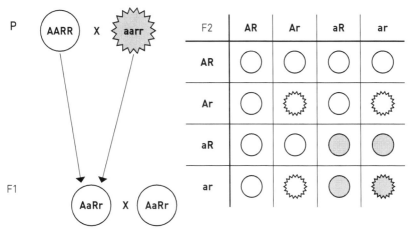

A raíz del experimento ilustrado en la figura, Mendel enunció su tercera ley, que afirma que hay rasgos heredados que se obtienen de forma independiente.

aarr) y autofecundar esa descendencia (AaRr). De dos guisantes amarillos y lisos crecieron: 9 guisantes amarillos y lisos, 3 guisantes amarillos y rugosos, 3 guisantes verdes y lisos y 1 guisante verde y rugoso (fig. 2). Amarillo y verde, liso y rugoso son, pues, dos rasgos con alelos cada uno que no interfieren entre sí.

Mendel presentó su trabajo en 1865 en la Sociedad de Historia Natural de Brno pero apenas tuvo repercusión. No fue hasta 1900 cuando su trabajo fue redescubierto de manera independiente por tres botánicos: el alemán Carl Correns, el austríaco Erich von Tschermak y el neerlandés Hugo de Vries. Este hecho modificó la forma de pensar y de experimentar de los científicos dedicados al estudio de la transmisión de genes y sentó las bases de la nueva disciplina: la genética.

EL PAPEL DE LOS CROMOSOMAS EN LA HERENCIA

En los años siguientes al de la publicación de las leyes de Mendel el comportamiento de los cromosomas todavía no se conocía bien. Aunque se sabía de su existencia desde 1842, aún no se habían podido vincular las leyes de la herencia con los cromosomas, ya que por entonces se ignoraban las estructuras y los procesos biológicos a nivel celular. No fue hasta finales del siglo XIX cuando el zoólogo alemán August Weismann apuntó esta relación. Demostró que había una especie de permanencia de las características genéticas que van pasando de padres a hijos. Sobre esta teoría, sugirió que debía de haber dos líneas celulares distintas, que denominó *plasma germinal* y *somático*. Y aunque erró en la base teórica, ya relacionó los cromosomas con la herencia de caracteres.

La confirmación de que los pares de cromosomas se comportan de acuerdo a las leyes de la herencia se produjo en 1903, cuando el genetista estadounidense Walter Sutton comprobó que en la meiosis, el proceso mediante el cual se dan las divisiones celulares durante la reproducción de los gametos, los cromosomas homólogos se separan y que cada elemento del par cromosómico va a una célula diferente, por lo que cada célula lleva la mitad de material genético del padre y la otra mitad de la madre, lo que es acorde con la segunda ley mendeliana. Y también que durante la meiosis, los caracteres hereditarios se separan al azar, lo que es consistente con la tercera ley. Sutton se dio cuenta, pues, de que las unidades mendelianas de la herencia, los genes, debían de localizarse en los cromosomas.

La constatación de esta idea —que los cromosomas son los portadores de los genes— se produjo de forma casual en los laboratorios de la Universidad de Columbia en 1910. Mientras trabajaba con la mosca de la fruta (*Drosophila melanogaster*), el genetista estadounidense Thomas Hunt Morgan se fijó en los ojos de una mosca que en esos momentos revoloteaba a su alrededor y observó que el insecto, en lugar de tener los habituales ojos rojos, los tenía blancos. Tras comprobar que era un macho, lo cruzó con una hembra de ojos rojos y la descendencia salió con los ojos rojos. Luego cruzó a estos híbridos entre ellos. Todas las hembras nacieron con ojos rojos pero la mitad de los machos los tenían blancos (fig. 3). Así, sabiendo que las moscas

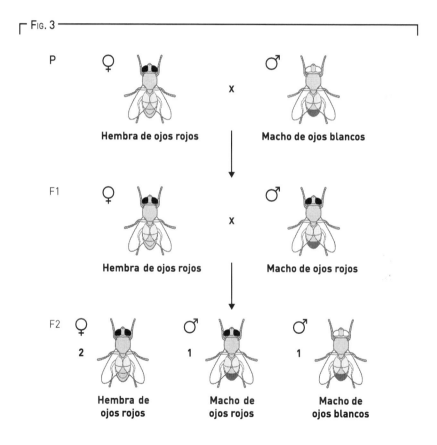

Fig. 3

P   ♀ Hembra de ojos rojos   X   ♂ Macho de ojos blancos

F1   ♀ Hembra de ojos rojos   X   ♂ Macho de ojos rojos

F2   ♀ 2 Hembra de ojos rojos   ♂ 1 Macho de ojos rojos   ♂ 1 Macho de ojos blancos

La gráfica muestra los resultados obtenidos por Morgan en la generación F1 y F2 que fueron decisivos para determinar la existencia de genes ligados al sexo.

macho tienen un par de cromosomas XY y las hembras XX se dio cuenta de que aquello era un ejemplo de herencia genética ligada al sexo.

Los experimentos de Morgan y de sus discípulos permitieron elaborar los primeros mapas genéticos: la localización de genes en cromosomas y el seguimiento de su herencia a través de las distintas generaciones. Uno de esos jóvenes investigadores, Alfred Sturtevant, desarrolló en 1911 una técnica para localizar genes concretos en el cromosoma de *Drosophila* y, dos años más tarde, en 1913, realizó el primer mapa genético de un cromosoma de esa mosca. Sus estudios evidenciaron que los genes se encontraban en los cromosomas, y que la transmisión de los cromosomas es el vehículo de la herencia.

Finalmente se había desvelado el mecanismo de la herencia, pero ¿qué secretos encerraba la materia de la que estaban hechos los cromosomas?

¿DE QUÉ ESTÁN HECHOS LOS GENES?

A principios del siglo XX ya se sabía que los cromosomas estaban compuestos a partes más o menos iguales de proteínas y de ácido desoxirribonucleico, el ADN, pero no se entendía bien cuál era su función. Aunque el ADN se conocía desde final del siglo XIX, cuando el biólogo y médico suizo Friedrich Miescher lo aisló en el núcleo de glóbulos blancos (él lo llamó inicialmente nucleína), durante mucho tiempo se pensó que era un componente estructural sin ningún papel importante.

La primera demostración de su capacidad transformadora fue efectuada en 1928 por el médico británico Frederick Griffith mientras intentaba encontrar una vacuna contra la neumonía, durante una pandemia de gripe originada tras la Primera Guerra Mundial. Griffith trabajaba con dos cepas de la bacteria *Strepto-*

> LA HEMOFILIA EN HUMANOS, UNA MUESTRA DE HERENCIA LIGADA AL SEXO

La hemofilia es una enfermedad genética —se debe a una mutación situada en el cromosoma X— que impide la correcta coagulación de la sangre. La inmensa mayoría de los afectados son hijos de madres sanas pero portadoras del gen defectuoso. Como hemos visto, el sexo femenino está determinado por dos cromosomas X, y el masculino, por un cromosoma X y un Y. El cromosoma X contiene muchos genes comunes a ambos sexos, como los genes para la producción del factor VIII y el factor IX, vinculados con la coagulación. En caso de malfuncionamiento de esos genes del cromosoma X, la mujer tiene dos copias de estos, de ahí la menor incidencia de la enfermedad entre féminas. Por contra, si el hombre hereda un cromosoma con un gen dañado, no tiene información de respaldo, por lo que es probable que desarrolle la enfermedad.

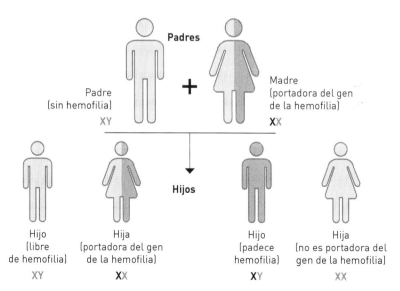

Padres

Padre
(sin hemofilia)
XY

+

Madre
(portadora del gen
de la hemofilia)
XX

Hijos

Hijo
(libre
de hemofilia)
XY

Hija
(portadora del gen
de la hemofilia)
XX

Hijo
(padece
hemofilia)
XY

Hija
(no es portadora del
gen de la hemofilia)
XX

— Con un padre sano y madre portadora sana, el 50 % de las hijas serán sanas portadoras; en cuanto a los hijos varones, el 50 % padecerán la enfermedad y el 50 % serán sanos no portadores.

┌─ FIG. 4 ──┐

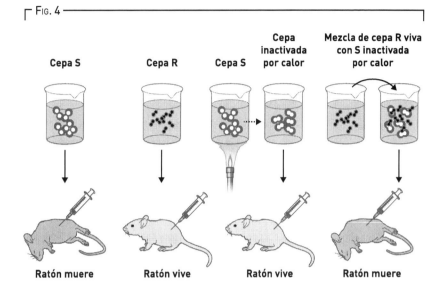

El experimento de Griffith representado en la figura evidenció que la
información genética se había transferido de una cepa a otra dentro del cuerpo
del ratón. El material genético seguía activo, aunque la célula no estuviera viva.

└──┘

coccus pneumoniae, una virulenta (S), de aspecto liso y rodeada
de una cápsula, que causaba la muerte de los ratones de su laboratorio, y otra inocua, de aspecto rugoso y sin cápsula (R). La
cepa virulenta, tras ser inactivada por calor, no causaba neumonía en los ratones. Sin embargo, la administración conjunta de
la cepa virulenta inactivada y la cepa inocua viva resultaba en la
transformación de la cepa inocua rugosa en una cepa virulenta
lisa, y los ratones morían (fig. 4). En la sangre de estos ratones
muertos se hallaron neumococos vivos de la cepa S. Parecía que
en las bacterias muertas había algo que era capaz de transformar
a las bacterias R en patógenas y este cambio era permanente y
se heredaba. Esto indicaba una transferencia de material genético entre ambas bacterias que Griffith llamó «principio transfor-

mador», y que atribuyó a las proteínas porque eran una estructura más compleja. Y es que, hasta entonces, se creía que un ácido formado tan solo por cuatro componentes químicos y con una estructura aparentemente desordenada no debía ser capaz de transmitir una información tan sofisticada. En cambio, las proteínas, constituidas por tantos aminoácidos y con unas estructuras muy complejas, eran unas candidatas más favorables.

Posteriormente, los experimentos con bacterias de dos médicos canadienses, Oswald Theodore Avery y Colin MacLeod, y uno estadounidense, Maclyn McCarty, llevados a cabo en la década de 1940, demostraron que el detonante de ese «principio transformador» era el ADN y no las proteínas. Ese «principio transformador» seguía siendo operativo cuando se añadían proteasas, enzimas que rompen proteínas, y en cambio se desactivaba en presencia de desoxirribonucleasa, una enzima que rompe el ADN. Sin ADN no había «principio transformador».

La confirmación definitiva del poder transformador del ADN fue el experimento que llevaron a cabo en 1952 los estadounidenses Alfred Hershey, bacteriólogo, y la bióloga Martha Chase. Los investigadores marcaron radiactivamente los dos componentes de un virus que infecta bacterias, un bacteriófago. Marcaron el ADN, con fósforo P^{32}, y las proteínas con azufre S^{35}. Estas marcas permitirían distinguir claramente qué parte del virus entraba en las bacterias, porque ni el ADN tiene azufre ni las proteínas, fósforo. Tras promover la infección con estos virus radiomarcados, observaron que solo el fósforo radiactivo se hallaba en el interior de las bacterias, mientras que el azufre radiactivo estaba en el exterior. Esto demostraba que lo que los virus habían podido introducir en las bacterias era el ADN, y no las proteínas.

Este dato enlazaba con la teoría publicada en 1941 por dos alumnos de Thomas Hunt Morgan en el familiarmente llamado «cuarto de las moscas» de la Universidad de Columbia, Edward Lawrie Tatum y George Wells Beadle. Ambos habían sometido a radiación al hongo *Neurospora crassa*, tras lo cual constataron que las mutaciones tenían un efecto sobre la actividad metabólica del hongo, puesto que introducían cambios en las enzimas implicadas en estas reacciones. Esto les llevó a enunciar el principio de que un gen codifica una proteína, ya que las enzimas son proteínas. Este principio es esencialmente válido todavía, aunque conocemos muchos ejemplos de genes que, mediante modificaciones durante el proceso de transcripción y traducción, dan lugar a más de una proteína. Ambos científicos ganaron el premio Nobel de Fisiología o Medicina en 1958 por sus trabajos sobre los procesos químicos controlados por genes.

EL DESCUBRIMIENTO DE LA ESTRUCTURA DEL ADN

A principios de la década de 1950 prácticamente todos los elementos necesarios para resolver el misterio del mecanismo de la herencia se conocían con bastante detalle. Así lo demuestran los análisis de la composición química del ADN que publicó el químico austríaco Erwin Chargaff en esa época. Chargaff formuló dos reglas a partir de sus observaciones: una en la que indicaba que aunque el ADN de diferentes especies tiene una composición distinta en lo que respecta a las cuatro bases nitrogenadas que lo forman (adenina, timina, citosina y guanina), esta composición es constante en una misma especie. La segunda regla revelaba que existe una proporción igual entre la adenina y la timina, y entre la citosina y la guanina. Estos datos fueron muy importantes para que los ya citados Watson y Crick propusieran desde los laboratorios Cavendish de la Universidad de Cambridge la estructura helicoidal del ADN, en el que las bases se encuentran las unas frente a las otras, formando dos cadenas antiparalelas, es decir, que son paralelas pero que van en dirección contraria.

Es posible que si Watson y Crick no hubieran logrado publicar en 1953 la estructura del ADN, otros investigadores lo hubieran hecho en poco tiempo, pues en esa carrera no estaban solos; el cristalógrafo estadounidense Linus Pauling les iba a la zaga en la resolución del rompecabezas que parecía subyacer bajo la estructura del ADN. Un rompecabezas en el sentido literal de la palabra, pues Watson trabajaba con recortes en forma de bases nitrogenadas. Todo indicaba que debían tener forma de hélice, pero las piezas no acababan de encajar.

La clave para solucionar el enigma la proporcionó una imagen de difracción de rayos X sobre un cristal de ADN tomada en 1952 por la cristalógrafa Rosalind Franklin en el laboratorio de la Universidad King's College de Londres, conocida como la *fotografía 51*. La difracción es un fenómeno físico de las ondas que hace que se desvíen ante un obstáculo y, en el caso de la fotografía, los rayos X rebotaron en los átomos de una molécula de ADN, dejando una huella que hizo posible reconstruir su forma. El biólogo molecular neozelandés Maurice Wilkins, un colega de Rosalind Franklin con el que mantenía reconocidas discrepancias, mostró a Watson y Crick datos de Franklin aún no publicados, entre ellos la citada imagen. Y ahí Watson se dio cuenta de que la estructura no era una hélice, como sopesaban, sino dos. Concretamente, una doble hélice de grosor constante con las bases aparejadas, en la que cada cadena podía servir de molde para hacer una copia idéntica, lo que sugería un mecanismo de replicación.

Ese hallazgo fenomenal marcó un antes y un después en la historia de la genética y gracias a él Watson, Crick y Wilkins recibieron el premio Nobel de Fisiología o Medicina en 1962. Sin embargo, la aportación clave de Franklin no tuvo el reconocimiento merecido en su día. Franklin murió de forma prematura en 1958 con solo treinta y siete años de edad, a causa de un cáncer de ovarios que, posiblemente, contrajo a consecuencia de sus repetidas exposiciones a los rayos X. En la entrega del prestigioso galardón, cuatro años después, su nombre no fue mencionado, olvido que recientemente numerosos genetistas se han encargado de hacer notar para reivindicar la figura de la investigadora.

Conocer la estructura del ADN permitió averiguar que este se replica siguiendo lo que se denomina un *mecanismo semiconservativo*. Cada molécula da lugar a dos moléculas, cada una de ellas compuesta por una hebra del ADN original y otra hebra complementaria y nueva síntesis. La evidencia de este proceso llegó de la mano de un experimento desarrollado en 1957 por los biólogos moleculares estadounidenses Matthew Meselson y Franklin Stahl. Para comprobar de qué forma el ADN se replicaba, cultivaron bacterias *E. coli* en un medio que contenía nitrógeno pesado (N^{15}), hasta que las bacterias lo utilizaron para construir su propio ADN, es decir, lo incorporaron a sus bases. Luego pasaron algunas de esas bacterias a un cultivo con el isótopo de nitrógeno más común y ligero (N^{14}), donde se reprodujeron a su vez. En este punto tomaron muestras del ADN de varias generaciones de bacterias y las analizaron para determinar su peso, lo que hicieron centrifugándolas en una solución salina. Las moléculas pesadas se fueron al fondo y las ligeras quedaron en la superficie. Así pudieron constatar que la primera generación tenía un ADN 50 % ligero y 50 % pesado, lo que demostraba que el ADN se transmitía por partes iguales a la descendencia, lo que llevó también a la conclusión de que se trataba de una replicación semiconservativa.

Aquella fue una época en que el conocimiento del ADN avanzaba a un ritmo de vértigo. Se había descubierto su estructura, la forma en que se replicaba, pero faltaba responder a una pregunta crucial: ¿cómo traduce el organismo la información codificada en la secuencia de las distintas bases que forman la estructura lineal del ADN, para así poder sintetizar las cadenas de aminoácidos de las proteínas? La respuesta se halló en el có-

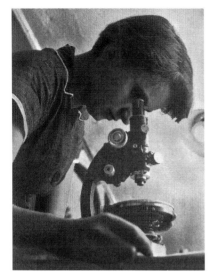
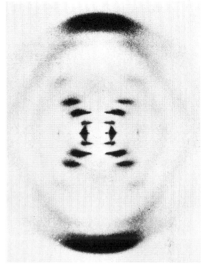

Arriba a la izquierda, Rosalind Franklin observando por el microscopio. Al lado, la fotografía 51 tomada por ella a partir de la cual Watson y Crick, abajo, descubrieron la estructura del ADN.

digo genético, cuyo descubrimiento se produjo en 1966 gracias a la colaboración entre numerosos investigadores. Pero no se hubiera podido descifrar ese lenguaje si no se hubieran llevado a cabo las investigaciones sobre otro grupo de ácidos nucleicos, los ácidos ribonucleicos (ARN). El ARN era clave en el proceso: se observó que la obtención de un polipéptido (grandes moléculas formadas por la unión de aminoácidos) a partir del ADN se producía de forma indirecta a través de una molécula intermedia conocida como ARN mensajero (ARNm).

Faltaba, sin embargo, acabar de descifrar el lenguaje mediante el cual el ARN sintetizaba unas proteínas determinadas. Es decir, ¿cómo incidía en la síntesis de una u otra proteína el orden de los cuatro componentes de las bases nitrogenadas, adenina, citosina, timina y guanina? Ya el físico ruso-estadounidense George Gamow había sugerido que ese código se basaba en la combinación de tripletes de nucleótidos (formados por una base nitrogenada, un fosfato y un monosacárido), y que cada triplete daba lugar a uno de los veinte aminoácidos (materia prima de las proteínas) existentes. Pero descifrar exactamente el «diccionario» de ese «lenguaje» secreto del ADN fue una tarea ardua que duró varios años.

A partir de la hipótesis teórica de Gamow, distintos grupos científicos diseñaron experimentos para identificar qué tripletes de nucleótidos daban lugar a un aminoácido en particular. Los biólogos moleculares Marshall Nirenberg y Har Gobind Khonara crearon una cadena de nucleótidos de ARN mezclada con bacterias *E. coli*, dotadas de sus mecanismos para sintetizar proteínas. Hicieron 20 muestras distintas, y a cada una le añadieron los 20 aminoácidos, de los que solo uno estaba marcado radiactivamente. Si la muestra reaccionaba y se volvía radiactiva, era que contenía el aminoácido marcado. Gracias a la repetición exhaustiva de este proceso acabaron por descubrir la correspondencia entre tripletes y aminoácidos.

A partir de este momento, gran parte de la genética centró sus esfuerzos en la descodificación. El objetivo de determinar la identificación y el orden de todas las bases nitrogenadas a lo largo del ADN (es decir, la secuenciación del ADN), se fue volviendo factible gracias a adelantos técnicos como el método Sanger o el método de secuenciación de nueva generación, ya citados, que permiten estrategias a gran escala para aumentar la velocidad y reducir el coste de la secuenciación del ADN. Así, la secuenciación de genes de organismos sencillos, como los virus y las bacterias en la década de 1970 culminó en 2003 con el desciframiento completo del genoma humano.

DEL PROYECTO GENOMA HUMANO A LA INGENIERÍA GENÉTICA

Cuando a partir de la década de 1980 quedó establecida una forma automatizada para secuenciar el ADN, varias instituciones científicas y políticas de Estados Unidos empezaron a plantearse la idea de analizar el genoma humano completo. En 1988, el Congreso de los Estados Unidos decidió financiar el proyecto, que lideraron el Instituto Nacional de Salud y el Departamento de Energía de la nación, interesado este último en desvelar cómo la radiación podía afectar al genoma. La tarea iba a realizarse en colaboración con la comunidad científica internacional, organizada a través de un consorcio. En 1990 se dio el pistoletazo de salida a un macroproyecto que costaría 3 000 millones de dólares y trece años de trabajo: en 2003, dos años antes de lo previsto, se consideró concluido. En paralelo y al margen del consorcio, la empresa Celera Genomics, dirigida por el empresario y bioquímico estadounidense Craig Venter, también trabajaba para descifrar los genes humanos con fines comerciales y en 2000 anunció que lo tenía prácticamente listo. El 26 de junio de ese mismo año, en un acto auspiciado por el entonces presidente

Bill Clinton, se encontraron los dos máximos representantes de las partes en competición, Craig Venter por Celera, y el director del Consorcio Público, Francis Collins. Tres años más tarde, el 14 de abril de 2003, se presentó, de forma conjunta, ante el mundo la conclusión de la secuencia del genoma humano por parte de las instituciones internacionales. Por fin quedaba concluida y a disposición del público una versión esencial de la secuencia de nuestro genoma (es decir, del material genético contenido en los 46 cromosomas que tenemos en cada núcleo de las células somáticas y los 23 de las germinales). El Proyecto Genoma Humano había finalizado con un rotundo éxito y, en palabras de Collins, se iniciaba una nueva era en la investigación biomédica basada en la genómica que afectaría crucialmente a la biología, a la salud y a la sociedad.

Y su pronóstico no ha sido erróneo. Conocer la secuencia completa del genoma humano ha permitido, entre otras cosas, avanzar en el conocimiento de la base de muchas enfermedades, y ha abierto grandes perspectivas en su diagnóstico y tratamiento.

Siguiendo esta senda, los avances técnicos se están centrando en rastrear el ADN en busca de mutaciones asociadas a distintas enfermedades con el objetivo de establecer una base de datos —que, de hecho, ya ha empezado a completarse— con información esencial sobre las mutaciones y sus implicaciones clínicas.

En este sentido, la secuenciación del genoma permitirá efectuar diagnósticos mucho más concretos y a más largo plazo. Se trata de disponer de los datos genéticos necesarios para que los investigadores médicos puedan valorar con una gran exactitud el porcentaje de riesgo que una persona tiene de desarrollar una determinada enfermedad. Este porcentaje se basará, no ya solo en la información de conjunto, sino en los datos aportados por el estudio genético particular de cada individuo. Así, lo que hace solo unas pocas décadas era el «genoma humano» está pasando a ser los «genomas humanos».

> DESVELAR EL GENOMA DEL CÁNCER

La secuenciación completa del genoma humano ha dado un gran impulso a la investigación del cáncer. Así, en 2005, nació el Proyecto del Genoma del Cáncer Humano que se propuso elaborar un catálogo de los cambios moleculares causantes de la aparición de tumores. Los avances técnicos han permitido comparar la secuencia completa del ADN de miles de tumores y cotejarlo con el genoma humano para poder identificar las mutaciones presentes en los genes que pueden deberse a múltiples factores, como puede verse en la figura. Las mutaciones pueden no resultar en la formación de un tumor si no afectan a genes relacionados con el control del crecimiento y la división celular (mutaciones pasajeras). En caso contrario (mutaciones transformantes), se inicia el desarrollo de un tumor, primero como una enfermedad benigna, la cual puede presentar una tasa de mutación más elevada (fenotipo mutador), lo que le permitirá acumular mutaciones que pueden resultar en un tumor invasor.

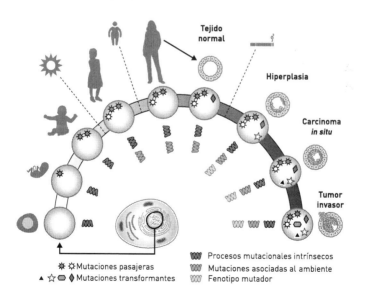

— La suma de mutaciones acumuladas a lo largo de la vida puede resultar en un tumor.

Para alcanzar estas metas, uno de los grandes retos de la investigación radica en la monitorización de las variaciones en el genoma. La idea subyacente es que las variaciones en la regulación de los genes nos permiten llegar a conocer por qué una proteína puede desempeñar funciones diferentes en distintas clases de tejidos. Esto nos aporta un conocimiento esencial de la génesis de la enfermedad.

Hay que tener en cuenta que tan solo una reducida proporción de las millones de variantes de nuestros genomas plantean semejanzas en sus impactos funcionales. El éxito de los trabajos que se realicen para identificar estas variantes en la secuencia será uno de los principales ejes de la investigación en los próximos años. Precisamente a causa de ello la biomedicina ha comenzado a afrontar significativos cambios en su estrategia y metodología.

Algunas de estas estrategias, que se perfeccionarán en el futuro, ya tienen aplicaciones en la actualidad. Es el caso de los microrrays o chips de ADN, utilizados para analizar la expresión diferencial de genes. Hasta el momento, únicamente había sido posible la identificación de una pequeña parte de ellos gracias a la bioquímica clásica. Sin embargo, aplicando estrategias basada en biocomputadores, los avances en este campo serán muy significativos.

Hoy el ser humano ha iniciado una senda de conocimiento que, tras la secuenciación del genoma, lo está llevando a adquirir la capacidad plena de manipularlo a voluntad, en pos de un resultado programado. La genética ha pasado de ser una ciencia observacional, en la que una mosca con un color de ojos poco habitual podía aclarar un proceso biológico, a ser una ciencia enlazada con la ingeniería genética y la bioinformática. Estas disciplinas están proporcionando herramientas para erradicar y combatir enfermedades, prolongar la vida media del hombre y quién sabe si también incrementar nuestras aptitudes y capacidades. En este sentido, los cambios genéticos podrían no ser consecuencia de miles de años de evolución. La especie humana tiene, por primera vez, la posibilidad de llegar a disponer de los medios necesarios para que de forma consciente, escoger qué cambios serán los próximos que experimente nuestra especie. En este sentido, y como ya señalamos, entre todas las técnicas que han irrumpido en la genética, destaca de manera muy clara el CRISPR, una técnica que se prevé clave para consolidar la nueva revolución genética que ya ha empezado y que promete ser de gran utilidad en el tratamiento, incluso antes de nacer, de importantes enfermedades de origen genético, como veremos en el capítulo siguiente.

Reescribir nuestros genes antes de nacer

Desde que los mamíferos con placenta aparecieron en nuestro planeta —hace unos cien millones de años—, su mecanismo de reproducción se ha mantenido prácticamente sin variaciones. En el caso de los seres humanos, todos nuestros ancestros, incluidos los primeros homínidos que bajaron de los árboles y acabaron dando lugar a una nueva especie, llegaron al mundo tras un proceso biológico marcado por la fecundación, la gestación y el parto. Este proceso se ha mantenido inalterado durante millones de años y únicamente ha experimentado cambios en tiempos muy recientes. De hecho, se estima que el cuerpo de la mujer adquirió la anatomía actual del canal del parto hace unos dos millones de años. Desde entonces, el proceso del alumbramiento, biológicamente hablando ha sido siempre igual. Observaciones similares pueden hacerse acerca del acto de la fecundación, que se desarrolló de manera exactamente igual desde la noche de los tiempos hasta que en 1978 llegó al mundo Louise Brown, fruto de la primera fecundación *in vitro*. Todas las personas nacidas antes de esa fecha fueron resultado de la fecundación interna que, ceremonias aparte, no se diferenciaba en nada esencial de la que pudo consumar una pareja de *Homo antecessor* en Atapuerca.

La evolución del conocimiento científico en esta área ha pasado pues de contarse en millones de años a reflejar hitos históricos que se suceden prácticamente sin apenas separación en el tiempo. Hoy, la tecnología aplicada a la reproducción permite controlar y modificar aspectos relacionados con la concepción, la gestación y el nacimiento de nuevos seres humanos de maneras que hace muy poco resultaban inimaginables. Buena parte de este reciente escenario se debe a la capacidad desarrollada por nuestra especie para entender y «editar» los genes. Se ha abierto, por tanto, un camino que permitiría variar algunas particularidades genéticas de un recién nacido o, al menos, de seleccionarlas antes del nacimiento. De hecho, una de las aplicaciones más evidentes la encontramos en la lucha contra determinadas enfermedades presentes desde el desarrollo embrionario (congénitas) o de carácter hereditario. Aunque aún estamos lejos de saber cómo erradicar las miles de dolencias genéticas conocidas, técnicas como la terapia génica permiten si no curarlas, sí prevenirlas o evitarlas.

TERAPIA GÉNICA EMBRIONARIA

Los avances de la genética han abierto la puerta a la posibilidad de que nazcan seres humanos cuyas características biológicas no están determinadas por la combinación azarosa del ADN de sus progenitores. Ahora la ciencia puede intervenir en este proceso e incluir variantes en el material genético de manera consciente. El objetivo, por lo tanto, es que individuos en los que se detecte algún problema de salud congénito o hereditario sean liberados de esa carga genética «borrando», por así decirlo, la enfermedad de allí donde está escrita: en los propios genes. Llevar estos procedimientos a cabo en seres humanos todavía no nacidos es un reto, pero es el escenario ideal, puesto que trabajar con embriones y fetos es algo más sencillo que hacerlo en adultos y, dado que se trata de intervenir en las primeras fases de desarrollo, las intervenciones que se hagan tendrán beneficios para el resto de sus vidas.

El primer gran avance lo ha propiciado el diagnóstico prenatal, un conjunto de técnicas para conocer la adecuada formación y desarrollo del feto antes de su nacimiento. Aparte de la más conocida, la ecografía, existen otras que ofrecen un grado de refinamiento muy superior, como el *análisis de marcadores bioquímicos*. Un marcador bioquímico es una sustancia generada en un proceso fisiológico que indica que dicho proceso ha tenido lugar. Es una especie de alerta que permite detectar posibles fallos en el organismo. En este sentido, niveles altos o bajos de determinados marcadores se relacionan con enfermedades concretas. Así, un rutinario análisis de sangre puede servir para detectar enfermedades metabólicas o de otro tipo. Esto ofrece grandes oportunidades en el campo del diagnóstico prenatal. Por ejemplo, si en una madre gestante se detectan niveles elevados de alfa-fetoproteína, una proteína de origen fetal, puede que el feto que lleva en su interior esté padeciendo alguna dolencia, puesto que niveles elevados de este marcador bioquímico suelen estar ligados a varias enfermedades, entre ellas la espina bífida, una malformación congénita que afecta el tubo neural del embrión (del que se origina el sistema nervioso central) provocando el cierre incompleto de las últimas vértebras de la columna vertebral.

Las pruebas genéticas prenatales son otra herramienta útil que permite localizar irregularidades muy específicas, y una de las más efectivas es la realización de un cariotipo, una muestra gráfica del conjunto de todos los cromosomas del feto. Gracias a una tinción que revela diferentes partes de su estructura, el cariotipo presenta los cromosomas alineados diferenciándolos unos de otros. Cada cromosoma muestra un patrón específico de bandas oscuras y claras. Además, para facilitar el análisis, en el cariotipo los cromosomas se muestran ordenados por parejas. Como ya se ha indicado, el genoma humano se distribuye en 23 parejas de cromosomas, una de las cuales está formada por los que determinan el sexo —denominados por su forma XX en las mujeres y XY en los hombres—. Mediante un cariotipo se pueden detectar cambios en el número de cromosomas, como la aparición de un cromosoma 21 adicional (trisomía), que causa el síndrome de Down (fig. 1). También se pueden descubrir otras alteraciones cromosómicas, como la pérdida de una parte de algún cromosoma. Esto es precisamente lo que sucede en el caso, por ejemplo, del cromosoma 5, cuya anomalía en su brazo corto causa el llamado síndrome del maullido de gato que provoca, entre otros problemas, retraso de las capacidades intelectuales y en la motricidad. Otra alteración la origina el intercambio de fragmentos entre cromosomas, como el que se da entre el 9 y el 22 del cariotipo, y que está asociado a la leucemia mieloide crónica, un tipo de cáncer que provoca que la médula ósea produzca un exceso de glóbulos blancos.

Las pruebas prenatales suelen perseguir la detección de una o varias enfermedades específicas y se realizan en familias con una historia contrastada de alguna de ellas, o que pertenecen a un grupo étnico donde algunas enfermedades genéticas tienen una incidencia elevada. No obstante, con el desarrollo actual de las técnicas científicas, un resultado negativo para cualquiera de esos trastornos no permite descartar absolutamente que nazca un bebé con otras enfermedades de base genética.

De hecho, ese es uno de los retos que la ciencia médica afronta para perfeccionar este tipo de técnicas. Hasta la fecha, se han identificado varios miles de enfermedades ligadas a genes

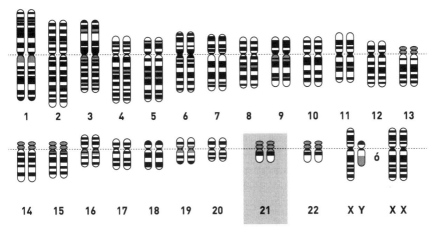

Cariotipo sano

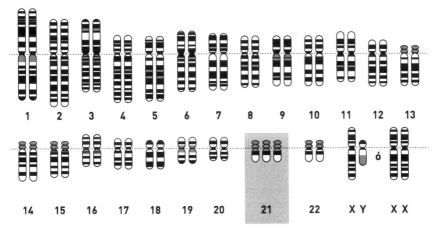

Cariotipo con síndrome de Down

Como puede observarse, la trisomía en el par 21 es la causante del síndrome de Down, un trastorno genético que causa un grado variable de deficiencia cognitiva así como determinados rasgos físicos entre aquellos que lo padecen.

y muchas de ellas aparecen en familias sin historia previa rela-
cionada con dichas dolencias. Por este motivo, un diagnóstico
prenatal genético completo no es, hoy por hoy, habitual. Para
obtenerlo sería necesario secuenciar el genoma completo del
feto y analizarlo base a base. Algo parecido a buscar en miles
de pajares a la vez por si en uno de ellos apareciese una aguja,
sin saber siquiera si esa aguja existe. Esta limitación obligaría a
usar otro tipo de herramientas en el diagnóstico prenatal para
poder ofrecer mejores opciones de intervención con la información disponible antes del nacimiento.

Aun así, el abaratamiento de la secuenciación rápida y el análisis masivo de datos que se está desarrollando anima a pensar
que esta oferta de diagnóstico podrá llegar a hacerse de manera
rutinaria en un futuro.

¿ES FACTIBLE LA TERAPIA GÉNICA ANTES DE NACER?

La finalidad de cualquier diagnóstico médico es una actuación
terapéutica que sirva para corregir la enfermedad detectada,
pero esto supone un gran reto cuando el enfermo todavía no ha
nacido. De hecho, la aplicación de la terapia génica en embriones es una técnica casi experimental en fase de desarrollo, que
consiste en la utilización de genes como medio para combatir
enfermedades. Ya se ha dicho anteriormente que actuar a nivel
genético sobre un embrión es más fácil que hacerlo sobre un individuo ya formado. Si el embrión se ha obtenido *in vitro* —si se
ha fecundado el óvulo fuera del cuerpo de la madre mediante
la aplicación de las técnicas biomédicas adecuadas— y aún no
ha sido implantado, se podría editar su material genético para
modificar un gen. Se trataría de añadir un medio de cultivo
que contuviera un vector, normalmente un virus, y esperar a que
este entre en las células. Sin embargo, esto que suena tan prome-

> MOSAICOS GENÉTICOS

Existe un fenómeno genético que ilustra una de las dificultades técnicas de la manipulación de embriones. Se trata del mosaicismo, que se da cuando en un individuo conviven poblaciones celulares con información genética variada, algo que ocurre a menudo de forma natural. Si, tras haberse formado el cigoto, se produce una mutación o un error en el reparto de los cromosomas durante el desarrollo embrionario, solo las células descendientes de la célula defectuosa presentarán ese fallo. Según el momento del desarrollo en el que se produzca el error, el individuo adulto tendrá un porcentaje u otro de células afectadas. Cuando se lleva a cabo una manipulación genética en embriones, cualquier actuación que no sea eficaz al cien por cien dejará algunas células sin tratar. Para rasgos sin impacto sobre la salud este fenómeno es una mera anécdota, pero si la intervención intenta corregir un defecto causante de una enfermedad y deja algunas células sin tratar, la mejora puede manifestarse solo en algunas de ellas, por lo que el individuo seguirá sufriendo la enfermedad.

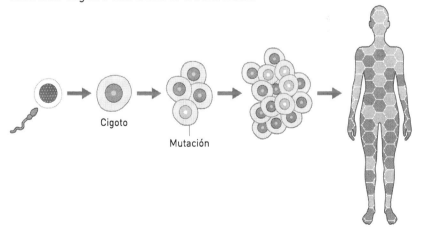

Cigoto

Mutación

— El mosaicismo como consecuencia de una mutación aparecida en una célula durante el desarrollo embrionario puede afectar a un porcentaje pequeño o grande de células en función del momento en que se produce la mutación.

tedor, en la práctica no se está haciendo. ¿Por qué? Hay varias razones para proceder con cautela en la terapia génica prenatal. Entre ellas, la posibilidad de que los virus que se usan como vectores afecten a algún oncogén. Los oncogenes son un tipo de genes originados por la mutación de un alelo y que, al intervenir en el ciclo de división de las células, pueden provocar que estas se reproduzcan sin control y causen un cáncer. Estudios llevados a cabo en niños y adultos han identificado este problema potencial, aunque no existen datos sobre su incidencia en embriones humanos. Por otro lado, y no es un tema menor, es prácticamente seguro que una intervención a nivel embrionario pasaría a la línea germinal y se transmitiría a la generación siguiente, por lo que conviene una gran cautela en la intervención.

Hoy por hoy, después del diagnóstico prenatal, la opción más segura es la selección *in vitro* de embriones que estén libres de la enfermedad en cuestión y su posterior implantación en el útero materno para completar su desarrollo.

LA SELECCIÓN TERAPÉUTICA

La mayoría de las características humanas vienen determinadas por mecanismos demasiado complejos como para modificarlos de forma controlada mediante un cambio genético simple. En particular, la investigación de los rasgos relacionados con el comportamiento y las habilidades cognitivas descubre regularmente nuevas asociaciones con todo tipo de genes. Incluso para funciones fisiológicas más «mecánicas», el entramado de genes que interaccionan para producir un fenotipo hace imposible hoy en día pensar en diseñar una actuación que pueda arrojar un resultado previsible. Y, en esto, no hay diferencia entre adultos, niños o fetos. Tanto en unos como en otros, hay muy poco margen para la intervención.

Fig. 2

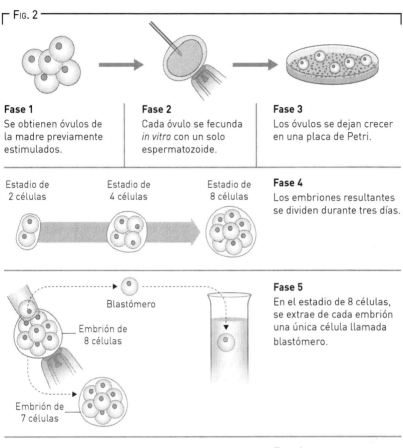

Fase 1
Se obtienen óvulos de la madre previamente estimulados.

Fase 2
Cada óvulo se fecunda *in vitro* con un solo espermatozoide.

Fase 3
Los óvulos se dejan crecer en una placa de Petri.

Estadio de 2 células

Estadio de 4 células

Estadio de 8 células

Fase 4
Los embriones resultantes se dividen durante tres días.

Blastómero

Embrión de 8 células

Embrión de 7 células

Fase 5
En el estadio de 8 células, se extrae de cada embrión una única célula llamada blastómero.

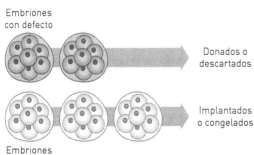

Embriones con defecto

Donados o descartados

Implantados o congelados

Embriones sin defecto

Fase 6
Cada blastómero se analiza para saber si contiene el gen defectuoso. Los embriones con defecto se descartan o se donan para investigación; los que no lo tienen se implantan en el útero de la madre o se congelan para usarlos en el futuro.

Etapas de la selección preimplantacional de embriones. Tras la fecundación *in vitro*, se toma una célula de cada embrión y se analiza para seleccionar los sanos.

Sin embargo, es posible escoger de entre varios embriones aquellos que tengan una característica deseada o que estén libres de una enfermedad concreta. Este procedimiento, que se muestra en la figura 2, se conoce como *selección preimplantacional* y se emplea en casos de enfermedades congénitas y hereditarias de las que se quiere librar a los futuros descendientes.

Las actuales técnicas de ingeniería genética permiten seleccionar células de los embriones y analizarlas para detectar el defecto genético que se quiere evitar. Una única célula de un embrión puede ser suficiente para detectar, mediante técnicas de biología molecular, características genéticas como el sexo o mutaciones relacionadas con enfermedades. En la fase del desarrollo en la que se lleva a cabo este procedimiento, los embriones están compuestos por muy pocas células. Son las llamadas *células madre*, caracterizadas por ser pluripotentes, lo que significa que tienen la capacidad de generar la mayoría de los tejidos. En cualquier caso, las limitaciones técnicas de la selección preimplantacional obligan a elegir embriones en conjunto, no escogiendo unos rasgos concretos y desechando otros.

Sin embargo, la selección preimplantacional posibilita un uso que va más allá: la elección de embriones que, además de no presentar la enfermedad, puedan servir más adelante como donantes de tejidos para curar la enfermedad de sus hermanos. El primer bebé concebido con este objetivo terapéutico nació en Estados Unidos en el año 2000, y desde entonces se han ido sucediendo nuevos casos en diferentes países.

Pero los logros de la selección terapéutica no terminan con los individuos nacidos con la capacidad para ayudar a sanar a sus hermanos. En septiembre de 2016, los informativos de medio mundo anunciaron que había nacido en Estados Unidos un niño con ADN de tres personas diferentes. Era la primera vez en la historia de la humanidad que esto ocurría, ya que todos los animales, humanos o no, albergan en sus células solo material

> ADAM NASH, UN BEBÉ CONCEBIDO PARA CURAR

El primer bebé nacido tras ser seleccionado con fines terapéuticos fue Adam Nash. Sus padres tenían una hija, Molly, con anemia de Fanconi, una enfermedad que causa malformaciones y cáncer y una muerte prematura. Para curarse necesitaba un trasplante de médula ósea, pero no se encontraba ningún donante compatible. Sus padres se sometieron a una fecundación *in vitro*, de la que obtuvieron varios embriones. El siguiente paso fue realizar análisis genéticos para seleccionar un embrión que no fuese portador de las variantes

— Los hermanos Molly y Adam Nash (en brazos de John Wagner, uno de los médicos que llevaron su caso) un mes después de trasplantar a Molly las células de su hermano.

genéticas relacionadas con la enfermedad y que pudiese ser donante para su hermana. El embrión seleccionado se implantó en el útero de la madre y el embarazo llegó a término en agosto de 2000, con el nacimiento de Adam. El último paso consistió en trasplantar sangre del cordón umbilical del bebé a su hermana, sin perjuicio para su salud, una intervención que le salvó la vida. La sangre del cordón contiene células madre embrionarias que dan lugar a las células sanguíneas que Molly tenía defectuosas. Por separado, la fecundación *in vitro*, la selección de embriones y el trasplante de médula eran procedimientos rutinarios. Pero aquella era la primera vez que se seleccionaba un embrión buscando ciertas características genéticas previamente identificadas, y se utilizaba un tejido de ese niño para curar a otra persona.

genético de dos progenitores, nunca de tres. Como caso especial, las personas que han recibido un trasplante tienen en su cuerpo ADN diferente al de sus padres, pero ese tercer genoma solo se encuentra en el órgano o tejido trasplantado. Por tanto, esos genes no se transmiten a la generación siguiente.

La razón que conduce a algo tan poco intuitivo como un niño con una mezcla de ADN de tres personas es la necesidad de resolver problemas relacionados con el ADN mitocondrial. Para comprenderlo, hemos de adentrarnos en las células y detenernos en las mitocondrias, unos orgánulos celulares que producen energía a partir de las moléculas resultantes de la digestión de los alimentos y que tienen la particularidad de contener su propio genoma. Según la teoría endosimbiótica, ampliamente aceptada, las mitocondrias actuales son descendientes de una bacteria primitiva que se introdujo en una célula y estableció una simbiosis con su huésped. A cambio de alimento y protección, la bacteria produjo energía para la célula. Esta asociación permitió el desarrollo de células más complejas —las eucariotas— y la evolución de los animales pluricelulares que conocemos hoy día. Así, el ADN mitocondrial de las células actuales sería un resto del genoma de aquella bacteria primitiva.

Cada célula contiene un gran número de mitocondrias que están integradas en el ciclo celular: cuando la célula se divide, las mitocondrias se reparten entre las dos células hijas. Como esto también sucede durante la formación de los gametos, las madres transmiten algunas de sus mitocondrias a su descendencia. A pesar de ello, este proceso puede implicar cierto grado de aleatoriedad, ya que una madre con el ADN mitocondrial mutado transmitirá la mutación a su descendencia, pero no necesariamente a todos por igual (fig. 3). En cualquier caso, lo que sí sabemos que ocurre siempre es que los padres no las transmiten, porque las mitocondrias del espermatozoide se sitúan en la cola y no penetran en el óvulo en el momento de la fecundación. Es

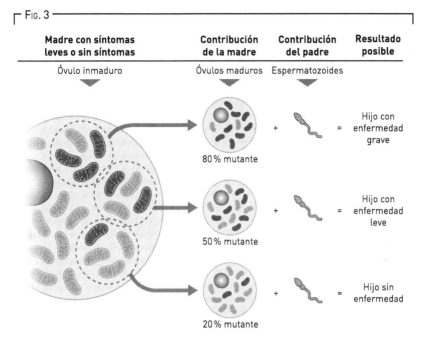

┌ FIG. 3 ───┐

Madre con síntomas leves o sin síntomas	Contribución de la madre	Contribución del padre	Resultado posible
Óvulo inmaduro	Óvulos maduros	Espermatozoides	
	80 % mutante +		= Hijo con enfermedad grave
	50 % mutante +		= Hijo con enfermedad leve
	20 % mutante +		= Hijo sin enfermedad

La herencia de las mitocondrias tiene un componente de azar. Una mujer sin ningún síntoma puede transmitir a su descendencia mitocondrias defectuosas causantes de enfermedades que pueden ser graves.

└──┘

decir, las mitocondrias que todos llevamos en el interior de nuestras células siempre las hemos heredado de nuestras madres.

Los análisis genéticos han permitido observar que ciertas enfermedades están originadas en mutaciones del ADN mitocondrial. Como la principal función de las mitocondrias es la generación de energía, estas enfermedades implican un mal funcionamiento en este proceso y a menudo se manifiestan como discapacidades cardíacas, neurológicas, musculares y respiratorias. Al actuar sobre este ADN se puede facilitar el nacimiento de niños libres de estas enfermedades. Esto fue lo que se buscaba en el caso del bebé nacido con ADN de tres progenitores.

Para llevar a cabo la intervención se necesitó un espermatozoide y dos óvulos de dos mujeres diferentes (fig. 4). Si una mujer que quiere ser madre sabe que tiene una mutación en el ADN mitocondrial —porque su historial familiar así lo indica o porque ya ha tenido un hijo con problemas de ese tipo— puede transferir el núcleo de uno de sus óvulos, que contiene la información completa para que nazca un bebé, al óvulo de otra mujer que tenga unas mitocon-

┌ Fɪɢ. 4 ──┐

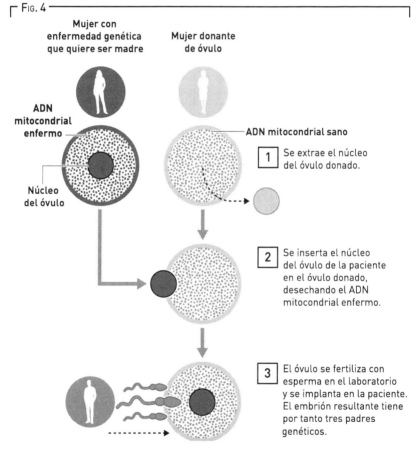

Mujer con enfermedad genética que quiere ser madre

Mujer donante de óvulo

ADN mitocondrial enfermo

ADN mitocondrial sano

Núcleo del óvulo

1 Se extrae el núcleo del óvulo donado.

2 Se inserta el núcleo del óvulo de la paciente en el óvulo donado, desechando el ADN mitocondrial enfermo.

3 El óvulo se fertiliza con esperma en el laboratorio y se implanta en la paciente. El embrión resultante tiene por tanto tres padres genéticos.

El esquema muestra el proceso de fecundación *in vitro* con reemplazo mitocondrial, que da lugar al nacimiento de un bebé con ADN de tres progenitores.

└──┘

drias funcionales, pero al que previamente se le ha extraído el núcleo. El óvulo resultante se puede fertilizar con un espermatozoide. A la vista parecerá un óvulo fecundado como el que podemos encontrar en la concepción de cualquier ser vivo. La única diferencia es que las mitocondrias de este óvulo serían diferentes a las de los otros óvulos de la madre. El óvulo se puede implantar mediante las técnicas rutinarias de fecundación *in vitro*. Y el feto resultante tendrá material genético (ADN) de tres procedencias distintas.

El niño que saltó a la fama en septiembre de 2016 por haber nacido mediante esta técnica evitó de esta forma el síndrome de Leigh, una enfermedad del sistema nervioso que había acabado con la vida de sus dos hermanos y que había causado varios abortos a su madre.

Es importante destacar que si con esta técnica se engendrara una niña esta transmitiría estas mitocondrias sanas a su futura descendencia, por lo que esta manipulación tendría un alcance más allá de la persona inmediatamente afectada por la enfermedad. Este tipo de cambios heredables pueden ser el punto de partida de modificaciones posteriores que tengan un impacto a largo plazo sobre nuestra especie.

La ingeniería genética está elevando las posibilidades de modificar los componentes de los que están hechos los seres vivos hasta niveles que hace poco eran insospechados. Probablemente ahora mismo tampoco nos imaginamos algunas de las técnicas y posibilidades que nos ofrecerá el futuro en este sentido, pero hay otras que sí podemos vislumbrar. Este es el caso de la clonación, que permite una copia idéntica de un organismo a partir de su ADN.

LA CLONACIÓN

En el camino por vencer a la enfermedad, incluso erradicándola antes del nacimiento de la persona, nos encontramos con otra alternativa que, al igual que la selección terapéutica, puede tener un enorme potencial sanador. Aunque el concepto puede evocar avances tecnológicos muy novedosos, de hecho, los científicos conocen este proceso desde mucho tiempo atrás. En sentido estricto, la clonación consiste en la generación de organismos genéticamente idénticos mediante la copia exacta de su ADN. El término puede referirse también a moléculas o a células; clonar un segmento de ADN, por ejemplo, o una bacteria, es producir muchas copias iguales de ellas. Por eso a veces se habla de clonar un gen, que es un procedimiento diferente a la clonación de un organismo pero que se basa en el mismo proceso biológico: generar copias de un fragmento de material genético. Dicho así puede sonar muy sofisticado, pero se trata de un sistema de reproducción habitual entre organismos unicelulares como las bacterias y las levaduras.

Pero la clonación no es una forma de reproducción exclusiva de organismos unicelulares. Son muchos los seres pluricelulares que se multiplican por este sistema, como las plantas que pueden crecer a partir de esquejes, y también multitud de insectos, gusanos y algunos peces. En los animales, este método de generación de nuevos individuos se denomina *partenogénesis*.

En humanos también se dan procesos de clonación de forma natural. A veces, un embrión que se encuentra en un estadio inicial de su desarrollo se divide de tal manera que da lugar a dos individuos idénticos. Es el caso de los *gemelos univitelinos* resultado de una única fecundación, de la combinación de un óvulo y un espermatozoide. Por eso comparten los rasgos físicos y la información genética subyacente: son clones naturales. En cambio, los *gemelos bivitelinos*, conocidos popularmente como mellizos, son hermanos que se desarrollan a la vez en el útero materno, pero que no tienen la misma información genética, ya que proceden de dos o más óvulos fecundados por otros tantos espermatozoides. Es decir, se originan a raíz de dos o más fecundaciones simultáneas. Por eso pueden tener sexo diferente y ser tan distintos como dos hermanos no gemelos cualesquiera. Durante décadas, los investigadores en genética han estudiado los gemelos univitelinos y los han comparado con gemelos bivitelinos para descubrir qué características son heredables y cuáles están más influenciadas por el entorno.

LA CLONACIÓN REPRODUCTIVA

En el campo de la ingeniería genética, clonar un gen significa introducir el fragmento de ADN que contiene la información de ese gen en el ADN de un organismo que podemos reproducir por clonación, de manera que el gen originario se multiplica cultivando el organismo clonado en un medio adecuado (fig. 5). Para llevar a cabo la clonación de un gen, igual que para transferir a un organismo un gen modificado, se emplean vectores. Aunque también en este caso pueden ser vectores virales, lo más común es el uso de *plásmidos*, que son moléculas de ADN con forma circular, independientes del ADN cromosómico, presentes en la mayoría de las bacterias. El proceso es el siguiente: primero, mediante una reacción química, se obtiene el fragmento de ADN que contiene el gen que interesa. Después, se corta el plásmido —que queda temporalmente en forma lineal— y se rehace la molécula circular ligando el fragmento de ADN obtenido en la reacción anterior. Los cortes y los empalmes se realizan mediante enzimas de restricción y ligasas, respectivamente. El plásmido con el gen clonado se introduce en una bacteria, que se dividirá y dará lugar a muchas más bacterias y a grandes cantidades del gen. Aunque es técnicamente sofisticada, no se trata de una práctica difícil de llevar a cabo. De hecho, cuando se secuenció el genoma humano, intervinieron multitud de laboratorios de medio mundo que, entre otras tareas, estuvieron

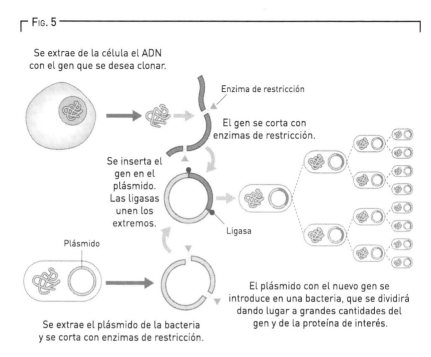

FIG. 5

Se extrae de la célula el ADN
con el gen que se desea clonar.

Enzima de restricción

El gen se corta con
enzimas de restricción.

Se inserta el
gen en el
plásmido.
Las ligasas
unen los
extremos.

Plásmido

Ligasa

Se extrae el plásmido de la bacteria
y se corta con enzimas de restricción.

El plásmido con el nuevo gen se
introduce en una bacteria, que se dividirá
dando lugar a grandes cantidades del
gen y de la proteína de interés.

La figura ejemplifica la clonación de un gen en un plásmido bacteriano. El
fragmento de ADN que contiene el gen que se desea clonar se separa y se
introduce en un plásmido mediante enzimas de restricción (que cortan el
plásmido) y ligasas (enzimas que unen los extremos del gen y el plásmido).

dedicados a preparar miles de clones de fragmentos de ADN
en bacterias y otros vectores, como las levaduras. Una vez establecidos, los clones son tan manejables como una muestra de
sangre o un fósil y pueden multiplicarse en un medio de cultivo, congelarse, e incluso enviarse de un laboratorio a otro con
total facilidad.

Las técnicas básicas para llevar a cabo con éxito procesos
de clonación de animales son conocidas desde principios del
siglo XX, cuando en 1928 el biólogo alemán Hans Spemann realizó la primera transferencia celular en un experimento con em-

briones de salamandra. La idea central de esta tecnología consiste en sustituir el núcleo de una célula, que contiene el ADN, por el de otra célula, del organismo que queremos clonar, que contiene un ADN diferente. Si la transferencia del núcleo se hace en una célula adecuada y se le proporciona el material genético correcto, esta puede desarrollarse y dar lugar a un individuo viable. Siguiendo este procedimiento se logró clonar varios animales desde la década de 1950, entre ellos algunos mamíferos. En todos los casos, las células donantes de núcleos, que aportaban el material genético, provenían de embriones en las fases iniciales de su desarrollo. Era importante que fuera así porque sus células estaban en proceso de dar lugar a un individuo entero, por lo que la dificultad técnica era menor que si se hubiera tratado de células adultas.

En las células adultas que forman nuestro cuerpo, la mayoría de los genes no están activos, sino que se encuentran silenciados, de manera que cada célula únicamente utiliza los genes necesarios para su función normal. Esto es lo que hace que las células de la pared intestinal sean diferentes de las de la retina o el corazón, por ejemplo. El material genético de su núcleo es el mismo, pero su accesibilidad es diferente. En el caso de las células de un embrión inicial, antes de que se empiecen a formar los primeros tejidos, esa diferenciación no se ha dado todavía, y, como ya se ha dicho, son células pluripotentes, porque además de producir más células iguales a ellas, pueden convertirse en cualquiera de los tipos celulares que más adelante darán lugar a los distintos tejidos y órganos. A medida que avanza el desarrollo embrionario y que se va produciendo la diferenciación celular, esa capacidad se va reduciendo. Llevar de nuevo a las células adultas a sus primeras etapas y devolverles su pluripotencia es lo que se denomina *reprogramación celular*. Por este motivo, las primeras clonaciones de animales se llevaron a cabo con núcleos procedentes de embriones.

Cuando el equipo de científicos del Instituto Roslin de Edimburgo dirigido por el embriólogo británico Ian Wilmut anunció en el año 1997 que habían clonado un mamífero a partir de una célula somática de un animal adulto, el impacto mediático fue enorme. Lo llamativo del caso era la técnica empleada, que se muestra en la figura 6. Por primera vez no se usaba un embrión para extraer el material genético a partir del cual se iba a realizar la copia, sino que esa información provenía de una célula somática adulta. En concreto, de una célula de la ubre de una oveja. Lo que hicieron Ian Wilmut y sus colaboradores fue introducir el núcleo de esta célula en un óvulo no fecundado (procedente de otra oveja) al cual se le había eliminado el núcleo, e hicieron

Fig. 6

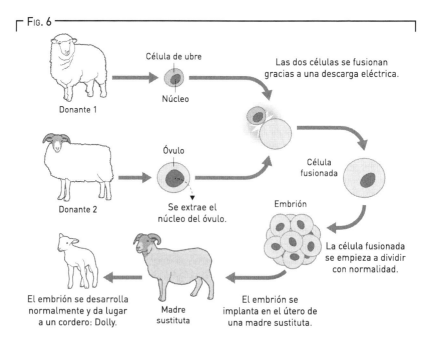

Célula de ubre

Las dos células se fusionan gracias a una descarga eléctrica.

Donante 1

Núcleo

Óvulo

Célula fusionada

Donante 2

Se extrae el núcleo del óvulo.

Embrión

La célula fusionada se empieza a dividir con normalidad.

El embrión se desarrolla normalmente y da lugar a un cordero: Dolly.

Madre sustituta

El embrión se implanta en el útero de una madre sustituta.

La transferencia nuclear de células somáticas es el procedimiento que dio lugar al nacimiento de la oveja Dolly en julio de 1996. Los detalles de su nacimiento fueron publicados en *Nature* en febrero de 1997.

que las células se fusionaran mediante pulsos eléctricos. Cuando la célula resultante empezó a desarrollarse como embrión, la implantaron en una tercera oveja, que gestó el embrión hasta el nacimiento. Dolly, la oveja clónica, que nació tras muchos intentos frustrados, resultó ser físicamente igual a la oveja donante del núcleo. En cambio, no se parecía en nada a la oveja que había donado el óvulo. Es decir, la información genética contenida en el núcleo era lo que determinaba el aspecto de la cría. Esto es lo que predecía la genética, y lo que confirmó Dolly. Para no dejar cabos sueltos ni margen a la duda, los investigadores escogieron razas de oveja con notables diferencias físicas entre sí.

En la práctica, lo que hizo el equipo de Wilmut fue reprogramar una célula adulta mediante impulsos eléctricos y medios de cultivo especiales para que pudiera comportarse como una célula embrionaria y dar lugar a un organismo completo. Dicho de otra forma: convirtieron una célula adulta especializada en una célula todopoderosa.

El nacimiento de la oveja más famosa de la historia revelaba que era posible vencer la principal barrera técnica a la que se había enfrentado hasta ese momento la ingeniería genética a la hora de clonar seres vivos ya nacidos. Los anteriores intentos de clonación se habían llevado a cabo a partir de células de embriones, ya que los investigadores pensaban que esa era la única forma posible de realizar copias viables de seres vivos. Una vez vencida esta limitación, se abría la puerta a muchas otras posibilidades de intervención genética con fines terapéuticos.

LA CLONACIÓN TERAPÉUTICA

Al margen del revuelo mediático que implicó, la clonación de Dolly supuso un hallazgo científico de primera magnitud. Entre otras razones porque implicó abrir la puerta a un nuevo concepto en el campo de la lucha contra las enfermedades: la clonación terapéutica. Este procedimiento, aunque se realiza mediante técnicas similares a las aplicadas para conseguir crear a Dolly, no persigue recrear un ser vivo completo, sino únicamente actuar sobre un órgano o tejido en particular. Es decir, mientras que la clonación reproductiva implicaría el desarrollo completo de un individuo, en el caso de la clonación terapéutica el proceso se detendría en el momento de conseguir células madre embrionarias (fig. 7). El fin, evidentemente, es el de tratar dolencias específicas gracias a la obtención de células pluripotentes de los embriones. A partir de ellas se puede generar un clon de células adultas diferenciadas exactamente iguales a las del paciente —con idéntico material genético, puesto que se han obtenido de un clon suyo— y tratadas para corregir su defecto genético. La última fase es introducirlas de nuevo en el organismo del paciente para intentar curar su enfermedad.

Así pues, y siguiendo la exitosa senda trazada por Dolly, en 2013 la comunidad científica logró un nuevo hito: la obtención de las primeras células madre embrionarias humanas mediante clonación. De hecho, en la actualidad varios laboratorios de todo el mundo están siguiendo esta estrategia para tratar enfermedades como el párkinson o la diabetes. Estas dolencias, así como otras muchas, podrían corregirse mediante la introducción de células sanas, creadas por clonación, en los órganos defectuosos de los pacientes. De este modo, sustituyendo las células defectuosas por otras en perfecto estado, se podría recuperar la función que las células enfermas no están llevando a cabo. Por ejemplo, un trasplante de células clonadas capaces de regular la secreción de insulina podría ser eficaz para curar la diabetes de un paciente. Hay que tener en cuenta, sin embargo, que esta modificación no se transmitiría a su descendencia, pues afectaría solo a la línea somática del paciente y no a la línea germinal,

Frente a la clonación terapéutica, la clonación reproductiva consistiría en la generación de un ser humano completo a par-

FIG. 7

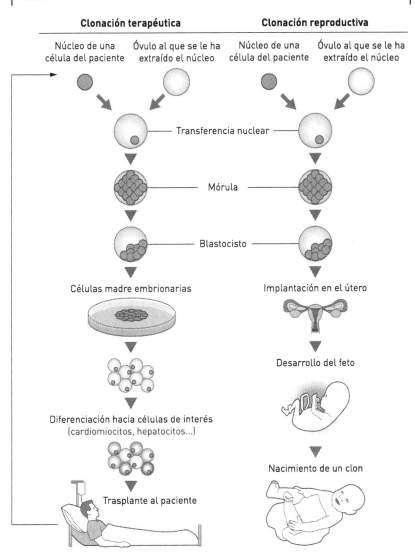

Aunque comparten las primeras etapas, en la clonación terapéutica el desarrollo del embrión se detiene en la fase de blastocisto, mientras que en la clonación reproductiva el blastocisto se implanta en el útero, donde completa su desarrollo hasta el nacimiento.

tir de células de otra persona, de manera que el descendiente sería genéticamente idéntico al progenitor. Aunque, en realidad, no sería exactamente igual, porque como ya se ha dicho los genes tienen marcas epigenéticas, ese conjunto de señales químicas que, aunque no alteran la secuencia de ADN, regulan la expresión génica y permiten, entre otras cosas, distinguir entre gemelos idénticos.

Hasta la fecha, ningún científico ha logrado clonar un ser humano partiendo de una célula de otro humano adulto. En primer lugar, por claras limitaciones técnicas: las particularidades propias del ADN humano y la complejidad de los mecanismos de expresión génica se han revelado hasta ahora como barreras demasiado altas para llevar a cabo la clonación de personas. En animales, el porcentaje de éxito que se alcanza con este tipo de manipulaciones es muy bajo: el número de nacimientos no supera el 20 %, y en mamíferos como los roedores suele rondar el 1-2 %. Con una eficiencia tan baja sería necesario llevar a cabo multitud de embarazos frustrados, y desechar un gran número de embriones, para conseguir un nacimiento viable. Incluso si el embrión llegase a término, es muy probable que manifestara enfermedades o malformaciones relacionadas con modificaciones debidas a las marcas epigenéticas del ADN de las células somáticas, y que no suelen darse en los embriones «normales», provenientes de dos células sexuales, un óvulo y un espermatozoide.

Si ese humano clonado llegase a ser viable y no sufriese ninguna enfermedad a causa de la manipulación llevada a cabo en su ADN, sería lo suficientemente parecido a su progenitor como para que un análisis genético corriente no revelase diferencias, y aún menos el examen de su aspecto físico externo. Lo único que distinguiría a la copia del original sería la edad: incluso si se hiciese un clon a partir de un recién nacido, entre uno y otro habría aproximadamente un año de diferencia, teniendo en cuenta la duración del proceso de clonación más los nueve meses de la gestación. Por eso, la existencia de un clon totalmente idéntico a su modelo adulto resulta imposible: aunque todo lo demás fuese igual, siempre los separaría una insalvable diferencia de edad. Hay que tener en cuenta que, de la misma manera que ocurre en el caso de la terapia genética en relación con la línea somática y la línea germinal, la clonación terapéutica y la reproductiva pueden implicar que los cambios alcanzados se transmitan a las generaciones futuras. Eso da lugar a debates éticos y sociales; sin embargo, no impide que la investigación siga avanzando en ambos caminos.

EL FUTURO DE NACER

A tenor, pues, de lo que acabamos de ver, todo parece indicar que los próximos cambios esperables en relación con la aventura de nacer van a estar principalmente orientados al diagnóstico de enfermedades y al desarrollo de herramientas de intervención, sobre todo de la terapia génica. No olvidemos que el motor de la tecnología en biomedicina es la preservación de la salud. En este sentido, el objetivo es afianzar y consolidar los pasos ya dados para que las técnicas destinadas a optimizar las perspectivas de vida desde el nacimiento y evitar la herencia de una enfermedad genética sean lo más generalizadas posible.

Como ya se ha mencionado, el principal obstáculo para la terapia genética embrionaria es la dificultad de actuar solo sobre la línea somática, sin que el cambio pase a las células germinales y, de allí, a las generaciones siguientes. Para evitar que la edición genética parental afecte a la línea germinal, durante la próxima década las investigaciones científicas se centrarán en aumentar la posibilidad de intervenir de manera controlada sobre los embriones mediante la edición de genes con la tecnología CRISPR. Como ya se ha dicho, este sistema permite cortar fragmentos de

ADN con mucha precisión, ya que se basa en el reconocimiento de secuencias específicas y permite introducir cambios de una única base. En muchos casos, esos cambios son suficiente para conseguir que el gen defectuoso recupere la información adecuada para dar lugar a una proteína funcional. Esta técnica es actualmente la principal esperanza para tratar enfermedades relacionadas con mutaciones puntuales y esquivar los problemas derivados del uso de herramientas de ingeniería genética que pueden resultar imprevisibles, como los virus. El hecho de que varios miles de enfermedades genéticas tengan su origen en mutaciones puntuales supone a la vez un reto difícil por la magnitud del trabajo y un gran incentivo para la obtención de resultados.

Cabe resaltar que algunos científicos afirman que el espectacular avance de la genética y la biotecnología hará inevitable la actuación en la línea germinal. En caso de que se considere aceptable la transmisión de algunos cambios al acervo genético de la especie, la tecnología parece estar a punto.

Los investigadores ya han demostrado que la edición genómica es capaz de reescribir secuencias de ADN en determinados embriones de animales, como las experiencias ya realizadas con éxito en ratas y ratones e incluso con monos: investigadores en China han informado de la creación de monos transgénicos usando CRISPR.

A nivel teórico, aplicando estas técnicas, el genoma de una persona se podría editar antes de nacer o, si se hicieran cambios en los óvulos o en el espermatozoide, producir las células del futuro padre incluso antes de la concepción. ¿Qué nos dice todo ello? Resulta evidente que la modificación genética de líneas germinales está mucho más avanzada y cercana de lo que cualquiera podía imaginar.

Los aportes científicos que llegarán en los próximos años, pueden tener un calado nunca visto con anterioridad. Si la ciencia avanza al ritmo esperado se producirán avances biomédicos históricos con implicaciones tan importantes y significativas como las que tuvieron las vacunas en su momento.

Sin embargo, el potencial de la genética, como cualquiera puede intuir, no concluye en la intervención en los momentos iniciales de la concepción humana. Una vez superado el nacimiento, podría parecer que lo que viene a continuación es fácil. En realidad, la vida se puede considerar una carrera contra reloj para retrasar la muerte, y tener una buena salud es el principal indicador de que una persona está ganando momentáneamente la carrera. A corto y medio plazo, la principal fuente de buenas noticias relacionadas con la manipulación genética humana estará en el campo de las intervenciones orientadas a mantener o recuperar la salud.

La ingeniería genética
al servicio de la medicina

Hoy por hoy, la terapia génica se ha convertido en el área de investigación más esperanzadora e ilusionante para conseguir prolongar y mejorar nuestra calidad de vida. No es un simple paso más en el progreso de la biomedicina; su desarrollo apunta hacia un protagonismo mucho mayor del que hayan tenido en el campo de la salud la terapia farmacológica y los tratamientos preventivos, por ejemplo.

Si bien estamos asistiendo a sus primeras fases de desarrollo, esta forma de tratamiento está en plena ebullición con centenares de ensayos que incluyen un amplio abanico de enfermedades como alteraciones hepáticas, diabetes, sida, insuficiencia cardíaca, arterioesclerosis y enfermedades neurodegenerativas como el alzhéimer. Es precisamente la prevención y cura de este tipo de demencia, que afecta ya a 47 millones de personas en el mundo, uno de los grandes retos de la ciencia y el punto de mira de numerosas investigaciones, como la que han llevado a cabo científicos del Imperial College de Londres, cuyos prometedores resultados abren las puertas a potenciales nuevos tratamientos para la enfermedad. En el estudio, el equipo utilizó un tipo de virus modificado —un vector de lentivirus, empleado comúnmente en terapia génica— para distribuir el gen a las células cerebrales. Este gen, llamado PGC1-alfa puede frenar la formación de la proteína beta-amiloide, en células en el laboratorio —el péptido beta-amiloide es el componente principal de las placas amiloides, que se encuentran en los cerebros de pacientes con alzhéimer—. Los ratones que fueron tratados en las primeras etapas de la patología, después de cuatro meses, mostraban muy pocas placas amiloides en comparación con los animales no tratados. Además, los animales sometidos a este procedimiento eran capaces de realizar tareas de memoria igual que los ratones sanos.

Yendo un poco más allá, la terapia génica está siendo también una alternativa a tener en cuenta en la lucha contra el cáncer. En este sentido, ya existen numerosos ensayos que apuntan a esta posibilidad. Uno de ellos lo configura el estudio realizado por la empresa norteamericana Kite Pharma, dedicada a investigaciones para combatir el cáncer, en el que participaron 101 personas que padecían uno de los tres tipos de linfoma de Hodgkin en fase avanzada. El estudio, después de una primera ronda de terapia génica aplicada nueve meses después del diagnóstico, consiguió que un tercio de los pacientes tratados vieran como la enfermedad remitía de manera muy clara. Concretamente, el tratamiento logró estimular, mediante la modificación genética, un tipo de célula inmunitaria llamada «célula T» que es capaz de identificar y luchar contra las células cancerosas. No obstante, y a pesar del indudable paso adelante que supone este tratamiento, todavía es necesario el desarrollo de más estudios para que la nueva técnica sea mucho más segura. En cualquier caso, experiencias como esta demuestran el inmenso potencial que encierra la terapia génica y sientan las bases de un progreso futuro.

Pero las aplicaciones de la terapia génica no se limitan únicamente a la lucha de enfermedades concretas, sino que la ciencia ha puesto sus esperanzas en objetivos mucho más ambiciosos como la creación de sangre artificial. Un equipo de investigadores del Hospital Infantil de Boston ha logrado, gracias a sofisticadas técnicas de modificación genética, fabricar células hematopoyéticas —las causantes de crear los diferentes tipos de células sanguíneas, como los glóbulos rojos o los linfocitos— que circulan por nuestro plasma sanguíneo. ¿Y cómo lo han conseguido? El equipo científico partió del uso de células madre pluripotentes y las expuso a señales químicas para conseguir que estas derivaran en células endoteliales, las que, durante el desarrollo embrionario, dan lugar a las células madre de la sangre. Finalmente, las células fueron trasplantadas a la médula ósea de ratones. Semanas después, se observó que las células implantadas en los animales portaban múltiples tipos de células sanguíneas humanas. Aunque todavía se está lejos de poder aplicar esta técnica en humanos, este avance sitúa a la ciencia biomédica mucho más cerca de la capacidad de crear sangre humana artificial y abre nuevas vías para la investigación de las enfermedades de la sangre, así como la fabricación de células inmunes sanguíneas derivadas de las del propio paciente para utilizarlas en sus tratamientos.

¿Y si la terapia génica también pudiera ser útil para reparar partes del cuerpo dañadas? Los prometedores resultados de diversos estudios apuntan a que el ámbito de la medicina regenerativa también puede verse beneficiada por el poderoso potencial de la modificación de genes. Así, el equipo del Centro Médico Cedars-Sinai de Los Ángeles trabaja en un método que permite reconstruir fracturas graves sin tener que usar injertos óseos. En su experimento, los investigadores construyeron una matriz de colágeno, una sustancia compuesta por una proteína que estimula la formación de hueso en el organismo, y la implantaron en el espacio entre los dos lados de una fractura en las patas de animales de laboratorio. Esta matriz reclutó células madre de la pata fracturada en el hueco durante dos semanas. Posteriormente, y para iniciar el proceso de reparación de la fractura, los investigadores insertaron un gen inductor de hueso directamente en esas células madre. Ocho semanas después de la intervención, se cerró la abertura ósea y se curó la fractura de la pata en todos los animales. Las pruebas mostraron que el nuevo tejido óseo era tan fuerte como el producido por injertos óseos quirúrgicos.

Generación ósea, tratamiento contra el alzhéimer o el cáncer, producción de sangre..., la lista podría aumentar con los éxitos cosechados en ensayos que ya se están aplicando en humanos, como por ejemplo algunos relacionados con el tratamiento de la ceguera infantil o la hemofilia B, por citar tan solo unos pocos.

Como puede observarse, son muchos y muy variados los avances científicos cuyo epicentro es la terapia génica. Las técnicas de modificación genética se desarrollan para que en un futuro no demasiado lejano se conviertan en uno de los argumentos principales para la cura de dolencias que en la actualidad carecen de terapias efectivas. No obstante, existen todavía una serie de condicionantes que la ciencia biomédica deberá superar en su camino para que la terapia génica sea verdaderamente eficaz y generalizable. En este sentido, cada paso dado, al mismo tiempo que nos acerca más a la meta —ganar la batalla definitiva a la enfermedad—, también implica la aparición de nuevos retos.

UNA HISTORIA DE ÉXITOS Y FRACASOS

Para comprender mejor estos desafíos y la trascendencia que ha supuesto la irrupción de la terapia génica, solo hay que echar la vista atrás y observar su recorrido. Como en el caso de cualquier otra área de investigación, su historia no presenta una línea uniforme. Sobre todo en sus inicios, la disciplina ha conocido éxitos, pero también fracasos.

> INMUNIDAD A LA CARTA

Una estrategia terapéutica interesante, farmacológica o genética, es estimular las defensas naturales del cuerpo. La inmunoterapia para el cáncer es una realidad, y una línea abierta de trabajo en otras enfermedades. El caso de un paciente de leucemia que se infectó posteriormente con el virus del sida, y que logró eliminarlo por completo después del tratamiento del cáncer, ha dejado entrever la posibilidad de desarrollar una terapia génica para modular el sistema inmunitario y eliminar el virus del sida. Un consorcio europeo de centros de investi-

— Timothy R. Brown, conocido como «el paciente de Berlín», es la única persona hasta el momento que se ha curado del sida.

gación y empresas están trabajando en el diseño de un sistema que inactive el gen que codifica una proteína usada por el VIH para infectar los linfocitos T CD4, que son su diana natural. Sería necesario extraer células de los enfermos para modificarlas, seleccionar las que hayan incorporado la mutación y volver a introducirlas. Al cabo de varios ciclos, el enfermo solo tendría células resistentes a la infección y el virus no podría reproducirse. La idea de modificar específicamente las puertas de acceso de los diferentes virus puede tener mucho recorrido, y es una de las líneas de investigación que puede aportar más éxitos en el campo de la terapia génica para tratar enfermedades no causadas directamente por el mal funcionamiento de los genes.

Los primeros ensayos de terapia génica llevados a cabo con éxito se realizaron con niños que sufrían inmunodeficiencia combinada grave (conocida por su sigla en inglés, SCID). Esta enfermedad se manifiesta en personas con dos copias defectuosas del gen que codifica la enzima adenosina desaminasa (ADA). La ausencia de ADA afecta a los linfocitos, unas células sanguíneas del sistema inmune que tiene un papel fundamental en la respuesta frente a microorganismos infecciosos y otros agentes extraños. Esto hace que los niños que padecen SCID sean susceptibles de sufrir infecciones muy graves que en otros niños no representarían ninguna amenaza seria. Su esperanza de vida es muy corta, y los únicos tratamientos posibles son un trasplante de médula ósea o la inyección de la enzima que les falta. A veces están obligados a vivir en un entorno estéril, por lo que en la prensa a menudo se los conoce como «niños burbuja».

Al tratarse de una enfermedad causada por un gen que afecta a las células de la sangre, la SCID era una buena candidata para intentar una terapia génica, ya que la sangre es fácil de obtener, manipular y reintroducir en el cuerpo —a diferencia de, por ejemplo, el hígado o el corazón—. En 1990, un equipo estadounidense liderado por el médico y genetista William French Anderson inició el primer ensayo, con una niña de cuatro años, y poco después el segundo, con una niña de diez. En ambos casos se introdujo el gen correcto en linfocitos extraídos de las pacientes, y se los reintrodujeron en la sangre. El éxito fue relativo desde el punto de vista de la terapia génica, ya que las niñas tuvieron que seguir recibiendo inyecciones de enzima ADA porque las células modificadas genéticamente solo consiguieron aportarles una mejoría parcial en las primeras fases del tratamiento. A pesar de esto, ambas han conseguido llevar una vida normal y hoy son mujeres adultas y sanas. Aún reciben regularmente nuevas inyecciones del gen a la vez que dosis del fármaco, por lo que técnicamente no se puede decir que estén curadas, sino que mantienen la enfermedad controlada. En cualquier caso, esto es un avance destacable, que supera en mucho las perspectivas que tenían cuando eran niñas. El tratamiento de SCID se considera el primer caso de éxito de la terapia génica, aunque la curación de las pacientes fuese el resultado de la combinación de los dos tratamientos, génico y farmacológico.

A partir de ese momento, los éxitos no han dejado de sucederse. El año 2006 fue especialmente prolífico para la investigación genética pues científicos del Instituto Nacional de Salud de Estados Unidos trataron con éxito un melanoma metastásico en dos pacientes. Para ello utilizaron células T para atacar a las células cancerosas. Era la primera vez que se constataba que la terapia génica podía ser una vía eficiente de tratamiento contra el cáncer. También ese mismo año, la revista *Nature Medecine* se hacía eco de un tratamiento pionero en mostrar que la terapia génica se había aplicado con éxito en otros dos pacientes con enfermedades que afectaban a las células mieloides. Y otro equipo de investigadores informaba del desarrollo de una forma de prevenir que el sistema inmune rechazara la entrada de genes. El nuevo hallazgo tenía implicaciones importantes para el tratamiento de la hemofilia y otras enfermedades genéticas.

Sin embargo, como sucede en todos los ámbitos de la vida, en la historia de la genética no todo han sido luces. A diferencia de la mayoría de terapias farmacológicas, cuyo objetivo consiste en tratar enfermedades comunes, la terapia génica se ha desarrollado inicialmente para tratar enfermedades raras y graves. Esto, como se ha explicado anteriormente, ha implicado asumir riesgos y en ocasiones con consecuencias negativas para los pacientes. Un ejemplo de ello fue el ensayo clínico iniciado en 1998 por el médico James Wilson, de la Universidad de Pensilvania, uno de los pioneros de la terapia génica, para tratar una enfermedad causada por la deficiencia de la enzima ornitina transcarbamilasa (OTC). Los pacientes con déficit de OTC no pueden metabolizar correctamente el amoniaco que resulta de la digestión de las proteínas. Es una enfermedad rara, que se presenta en uno de cada 80 000 nacimientos, y se debe al mal funcionamiento del gen que codifica esta enzima. El tratamiento habitual consiste en cambios en la dieta para reducir la cantidad de amoniaco en el cuerpo. Si no se controla puede ocasionar retraso mental y otros defectos.

Uno de los participantes en el ensayo de la Universidad de Pensilvania, un joven de dieciocho años llamado Jesse Gelsinger, se convirtió en el primer fallecido vinculado a la terapia génica tras experimentar una reacción adversa causada por los virus usados como vectores en el tratamiento. El caso de Gelsinger fue especialmente controvertido ya no solo por el desgraciado desenlace, también porque una investigación posterior determinó, entre otras irregularidades, que Wilson había ocultado la muerte de dos primates durante la investigación preclínica, de modo que en los formularios de consentimiento que firmaron los participantes no figuraba esta información. Wilson también había silenciado un conflicto de interés, puesto que era fundador de una empresa biotecnológica que tenía previsto comercializar esta terapia en caso de que el resultado fuese positivo. Este suceso supuso la paralización de la investigación que no se retomó hasta junio de 2016, casi veinte años después de la muerte de Gelsinger, cuando investigadores de la Universidad de Portland y de la empresa Dimension Therapeutics propusieron lanzar un nuevo ensayo para tratar el déficit de OTC.

LAS INTERVENCIONES GENÉTICAS

Sea como fuere, esta historia de éxitos y fracasos está marcada por el progreso de la investigación científica, que en los últimos años ha brindado sorprendentes técnicas para editar nuestros

Arriba, William French Anderson flanqueado por sus colaboradores Michael Blease (izquierda) y Kenneth Culver (derecha), en 1990, comunicando los esperanzadores resultados del primer ensayo de terapia génica. Abajo a la izquierda, Ashanti de Silva, la paciente del citado ensayo, cinco años después, y, a la derecha, ya adulta, junto al doctor Blease en 2013 en la conferencia nacional sobre inmunodeficiencia.

genes que podrían abrirnos en un futuro todo un abanico de posibilidades en el tratamiento de las enfermedades. Pero como ya ocurre en otras técnicas médicas, como en la farmacéutica —el cuidado médico relacionado con el uso de medicamentos, solos o en combinación con otros tipos de terapia—, existen determinadas características que han de darse para que este innovador avance científico pueda llegar a ponerse en práctica en casos concretos.

En este sentido, la terapia génica tiene muchos elementos comparables a la terapia farmacológica. La principal semejanza es que ambas requieren un conocimiento profundo del proceso biológico sobre el que se quiere intervenir. De hecho, en la terapia génica este conocimiento debe ser incluso más detallado que en muchas terapias farmacológicas. Siglos de medicina popular han permitido tratar algunas enfermedades con productos naturales sin que se supiera nada acerca de la biología y la química subyacentes, pero esas actuaciones a ciegas son imposibles cuando estamos tratando con genes.

Ambas terapias también coinciden en que el objetivo tiene que ser «drogable», es decir, ha de ser posible desarrollar una molécula que interactúe con la célula y dé el resultado deseado. Pero en el caso de la intervención genética hay que tener en cuenta que a menudo las enfermedades son el resultado de la intervención de varios genes. Es el caso de la osteoporosis, que acelera la descomposición de los huesos, principalmente en las mujeres tras la menopausia. El hueso es un tejido dinámico, que se destruye y regenera durante casi toda la vida. Cuando el ritmo de descomposición es mayor que el de regeneración, el hueso se debilita y puede llegar a ser tan frágil que se rompe en situaciones que normalmente no serían causa de fractura. Una red de sensores de calcio, principalmente en los riñones, detecta si el nivel de calcio en la sangre es alto o bajo, y en función de esto aumenta el almacenamiento de calcio (mediante la creación de hueso) o recupera calcio almacenado (mediante la reabsorción de hueso). Al menos quince genes están implicados en la osteoporosis, pero su mecanismo no se conoce aún lo suficiente como para plantear una actuación sobre ellos que resulte eficaz. Lo mismo pasa con la esquizofrenia y otras muchas enfermedades que son resultado de la interacción de varios genes entre sí y con el ambiente.

Incluso si se conoce el gen causante de una determinada enfermedad, a menudo es complicado plantear una terapia génica, ya que lo normal es que ese gen esté implicado también en otros procesos biológicos aparte del que queremos tratar, y modificarlo podría tener consecuencias que desconocemos. Por ejemplo, la dopamina es una molécula que tiene multitud de funciones, principalmente en el sistema nervioso, pero también en el sistema inmune, en el páncreas y en otros. Media docena de genes codifican receptores de dopamina, y estos receptores transmiten señales desde el exterior al interior de varios tipos celulares. La dopamina se administra como fármaco para tratar enfermedades cardiovasculares, y un precursor llamado levodopa se usa para tratar los síntomas del párkinson. Cualquier intervención sobre los genes relacionados con la síntesis de dopamina o con sus receptores puede tener un impacto mucho más allá del problema que se quería solucionar.

Al mismo tiempo que es imprescindible conocer en profundidad el funcionamiento de cualquier gen sobre el que se quiera actuar, también es esencial poder prever todos los resultados posibles que se deriven de una eventual intervención genética. En este sentido, por ejemplo, en las actuaciones que se realizan en plantas y animales para investigación se observan en ocasiones efectos inesperados. Obviamente, este hecho forma parte del proceso de descubrimiento, pero en una terapia en seres humanos no sería aceptable una intervención que no estuviese perfectamente definida en todos sus aspectos. En el campo de la terapia génica se habla de efectos *off target* (fuera de la diana) para referirse a los que se producen cuando se alteran genes que no eran el objetivo de la actuación. Una de las dificultades del desarrollo de terapias génicas es, precisamente, la caracterización de todos estos efectos para poder minimizarlos o evitarlos.

Por lo tanto, para que la aplicación de las terapias génicas pueda generalizarse, la ciencia debe lograr que esta sea segura y sus riesgos puedan controlarse. Por ese motivo, hoy día, la modificación genética se indica únicamente en los casos de enfermedades graves, en los que el abanico de posibilidades del paciente sea considerablemente reducido. No obstante, el progreso científico en este campo ha sido tan espectacular en las últimas décadas que son muchos los expertos que están completamente convencidos de que tan solo es cuestión de tiempo que los riesgos sean mucho menos importantes que los beneficios. Este es el auténtico horizonte de las investigaciones genéticas.

ENCENDER O APAGAR GENES PARA RECUPERAR EL EQUILIBRIO

Conocemos los condicionantes y al mismo tiempo los progresos en las investigaciones genéticas, pero ¿qué tipo de estrategias siguen los investigadores en su aplicación? En esencia las podemos reducir a dos: añadir o corregir un gen, o desactivarlo (fig. 1). En ambos casos se pretende que el resultado sea un patrón de expresión génica comparable al que se encuentra en una persona sana y que esto evite que se manifieste la enfermedad que se quiere tratar.

La manera de activar un gen que no funciona —porque tiene una mutación que lo desactiva o porque le falta algún elemento importante— es introducir en el organismo una copia «sana» que realice su función correctamente. Este tipo de intervencio-

FIG. 1

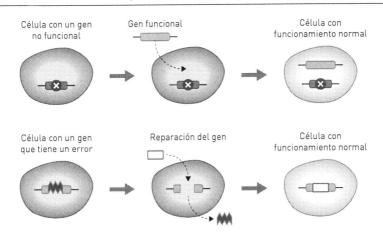

Terapia de suplementación génica

Célula con un gen no funcional → Gen funcional → Célula con funcionamiento normal

Célula con un gen que tiene un error → Reparación del gen → Célula con funcionamiento normal

Terapia de inhibición génica

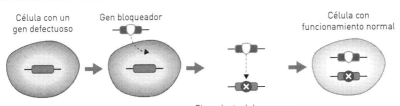

Célula con un gen defectuoso → Gen bloqueador → Célula con funcionamiento normal

El producto del nuevo gen bloquea el gen defectuoso

Las dos estrategias de terapia génica: suplementar o corregir un gen que no funciona, o desactivar un gen cuyo mal funcionamiento tiene efectos dañinos para la célula, por ejemplo, la producción de una sustancia tóxica.

nes se engloban bajo el nombre de *terapias de suplementación génica*. Con la irrupción de técnicas de ingeniería genética como el CRISPR se puede intervenir sobre la copia defectuosa para arreglarla, sustituyendo la mutación y restableciendo la secuencia correcta. En ese caso no sería necesario introducir una copia correcta, sino que se corregiría la original defectuosa.

Esta clase de terapia es interesante para tratar, por ejemplo, la fibrosis quística, una enfermedad muy común (se da en uno de cada 3 000 nacimientos en la población caucásica) causada por el mal funcionamiento del gen CFTR, que provoca la secreción de mucosidades en los pulmones. Esto ocasiona problemas respiratorios e infecciones que acaban llevando a la muerte a la mayoría de los pacientes a edades tempranas, ya que hasta hace poco no había más tratamientos que intentar eliminar la mucosidad o el trasplante de pulmón.

La base genética de la fibrosis quística se conoce desde la década de 1980, y fue uno de los primeros objetivos de la terapia génica. Sin embargo, solo en 2015 se obtuvo el primer éxito en un ensayo clínico, en el Reino Unido. Esta terapia se basaba en la suplementación; la administración del gen CFTR dentro de un plásmido mediante un aerosol durante un año permitió a los pacientes que participaron en la investigación mejorar ligeramente su función pulmonar respecto a los que tomaron placebo. El principal obstáculo es que las células en las que tiene que penetrar el vector con el gen CFTR son poco accesibles. Aún hay que introducir mejoras para conseguir que esta terapia pueda llegar a la práctica clínica de forma regular, pero los investigadores estiman que el trabajo podría estar completado en pocos años.

Sin embargo, la estrategia puesta en marcha por la terapia génica no siempre consiste en esta reactivación del gen defectuoso. En ocasiones el objetivo es todo lo contrario, dejarlo inactivo para de esta forma evitar una enfermedad o malformación. Un ejemplo de ello lo encontramos en la acondroplasia, un tipo de enanismo causado por la actividad excesiva del gen FGFR3, que regula la conversión del cartílago en hueso durante el crecimiento. Cuando este gen está sobreactivado, ese paso se produce antes y de forma más rápida, impidiendo el crecimiento normal de los niños, especialmente de sus huesos largos. El mal funcionamiento del gen FGFR3 se debe a una mutación puntual, que la mayoría de las veces se localiza en la posición del codón (triplete de nucleótidos) 380. Este descubrimiento brindó la posibilidad de revertir dicha mutación en los niños para prolongar su crecimiento físico, sobre todo el de sus extremidades. De hecho, entre 2009 y 2013 un proyecto financiado por la Unión Europea intentó seguir esta estrategia, pero llegó a la conclusión de que el procedimiento no era lo bastante seguro y optó por desarrollar un tratamiento farmacológico con un inhibidor de la proteína FGFR3.

Existe otro tipo distinto de estrategia de inhibición genética que persigue que el gen no se exprese. En este caso, no se aborda directamente su inactivación, sino que el objetivo es que el gen no sea capaz de transmitir información biológica que ponga en marcha las consecuencias no deseadas en el organismo. Para ello se intenta interrumpir el proceso que va desde la lectura del ADN hasta su traducción en forma de proteína (fig. 2).

La molécula intermediaria de este proceso es el ARN mensajero, que, recordemos, es una copia del gen, de una sola cadena (ya hemos explicado que se sintetiza usando como molde una de las dos cadenas del ADN, llamada cadena codificante), lista para que la maquinaria celular la convierta en proteína mediante el proceso de traducción. La técnica de ARN de interferencia, también conocida como ARNi, permite interceptar estos ARN mensajeros y evitar que un gen se exprese. Este mecanismo, representado en la figura 3, se basa en el modelo del emparejamiento de bases que describieron Watson y Crick cuando descubrieron la estructura de la molécula del ADN. Es un sistema de defensa que evolucionó para proteger a las células de las infecciones de algunos virus cuyo genoma está formado por una doble cadena de ARN. Las células tienen un mecanismo que detecta moléculas de ARN de doble cadena y las corta para inactivarlas.

El mecanismo se inicia con la incorporación a la célula de una molécula larga de ARN de cadena doble, conocida como dsRNA

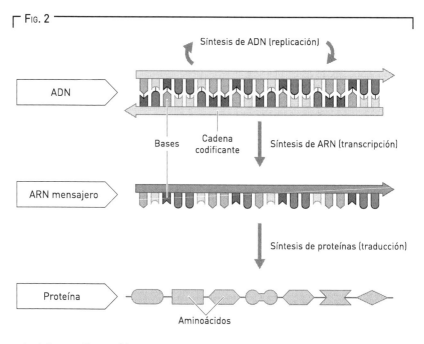

FIG. 2

Síntesis de ADN (replicación)

ADN

Bases   Cadena   Síntesis de ARN (transcripción)
         codificante

ARN mensajero

Síntesis de proteínas (traducción)

Proteína

Aminoácidos

La información genética se transcribe del ADN al ARN mensajero y se traduce del ARN a las proteínas.

(*Double-Stranded RNA*). Esta es reconocida, en el citoplasma, por la enzima DICER que la corta en pequeñas moléculas de cadena doble, llamadas siRNA (*Short Interfering RNA*). Cada molécula de siRNA se incorpora a otras proteínas para formar el complejo RISC (*RNAi Silencing Complex*). Este complejo separa las dos hebras de la molécula de siRNA quedándose una de las hebras incorporada en el complejo. La hebra que queda en el complejo se usa como molde para reconocer a la molécula de ARNm. Si la complementariedad con la molécula de ARNm diana es perfecta, el complejo RISC bloquea y degrada este ARNm; si, por el contrario, la complementariedad no es perfecta, el complejo RISC no degrada el ARNm, pero sí evita la unión del ribosoma.

En cualquiera de los dos casos se produce el silenciamiento del gen complementario a la secuencia de la molécula de siRNA. El silenciamiento de genes mediante la técnica de ARNi se ha probado en el tratamiento de varias enfermedades. Ha demostrado buenos resultados en algunos ensayos clínicos, por ejemplo, los que se han desarrollado para combatir un tipo de amiloidosis, una enfermedad degenerativa originada por mutaciones en el gen que codifica la proteína TTR. La proteína defectuosa no solo es incapaz de llevar a cabo su función correctamente,

FIG. 3

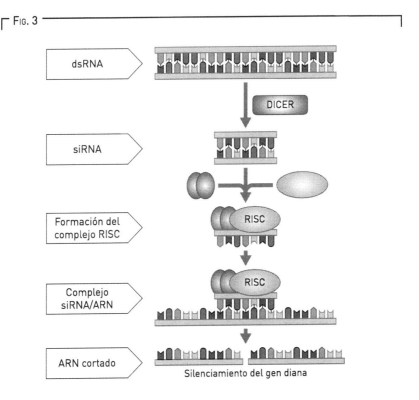

dsRNA

DICER

siRNA

Formación del complejo RISC

RISC

Complejo siRNA/ARN

RISC

ARN cortado

Silenciamiento del gen diana

La técnica de ARN de interferencia, cuyo proceso puede verse en la figura, ha resultado ser muy eficaz para silenciar genes.

sino que además no se puede degradar y se acumula en diferentes órganos, causando lesiones diversas. Que los resultados de los ensayos sean positivos lleva a pensar que su uso clínico en humanos puede estar cerca. La principal dificultad para convertir la terapia de silenciamiento de genes en un procedimiento rutinario es la poca estabilidad de las moléculas y elementos implicados y la dificultad que entraña hacerlos llegar al lugar donde son necesarios. Esta técnica solo funciona mientras el ARNi está presente, por lo que requiere administraciones frecuentes para tratar problemas crónicos, como suelen ser las enfermedades de base genética.

TRATAMIENTOS GENÉTICOS

En todo caso, más allá de las estrategias de las que dispone la genética a la hora de abordar un gen defectuoso, o de las líneas de investigación que se desarrollan, actualmente ya existen en el mercado algunos productos basados en la terapia génica. El primero que estuvo disponible de manera comercial, no solo como terapia experimental, fue Gendicine, producido y distribuido por la empresa china Shenzhen SiBiono GeneTech. Se aprobó en 2003 para tratar un tipo de cáncer de piel, el carcinoma de células escamosas, y empezó a venderse en China en 2004. El fármaco consiste en un adenovirus modificado que contiene una copia funcional del gen p53. La proteína p53 se activa en situaciones de estrés de la célula, como por ejemplo cuando le falta oxígeno o cuando el ADN está dañado. En ese momento, se pone en marcha una secuencia de reacciones que llevan a la apoptosis, muerte celular programada y desencadenada por la propia célula.

Cuando el gen p53 está mutado o no funciona correctamente, la eliminación selectiva y controlada de células no tiene lugar y estas crecen sin control, formándose un tumor; por eso se dice que es un gen supresor de tumores. Se calcula que el gen p53 está mutado o ausente en un alto porcentaje de tumores humanos, entre el 50 y el 70 %. Además, su mal funcionamiento se relaciona con la resistencia múltiple a los fármacos, por lo que estos tumores suelen ser resistentes a los tratamientos convencionales con quimioterapia.

Al inyectar el virus que transporta la copia funcional de p53, las células dejan de crecer de manera descontrolada y el tumor remite. Desde su comercialización se han llevado a cabo ensayos clínicos de Gendicine en otros tipos de cáncer, de forma exclusiva o en combinación con radioterapia y otros tratamientos. Los resultados parecen indicar que la terapia combinada es más eficaz que si se aplica cada una de ellas por separado. La introducción de una copia correcta del gen p53 es una estrategia que han usado otras empresas para investigar nuevas terapias en oncología. Tras el ejemplo del Gendicine, otras terapias génicas han recibido el visto bueno de las autoridades sanitarias para ser distribuidas, y hoy existen tres nuevos tratamientos disponibles en Asia.

El primero de ellos es Rexin-G, un retrovirus que contiene una forma modificada del gen que codifica la ciclina G1, una proteína que, en su versión normal, interviene en la regulación de la división celular. Este retrovirus se administra inyectado y se dirige de forma específica a los tumores. Allí la ciclina G1 modificada interrumpe el ciclo de las células cancerosas e impide su división, lo que se manifiesta como una reducción del tumor.

Oncorine, el segundo tratamiento, es un adenovirus modificado para tratar especialmente cánceres de cuello y cabeza. La agencia reguladora china lo aprobó en el año 2005. Oncorine es lo que se conoce como un virus *oncolítico*, es decir, que deshace tumores. Para ello se ha modificado una parte del virus que interacciona con la proteína p53, de modo que el virus no se replica en células normales, pero sí en células tumorales con deficiencias en el gen p53 (que, como hemos visto, es una alteración común en muchos tipos de cáncer).

El tercer tratamiento, Neovasculgen, es un medicamento que se usa para curar un estrechamiento de los vasos sanguíneos conocido como *enfermedad arterial periférica*. Se trata de un plásmido que contiene el gen VEGF, que codifica una proteína que estimula el desarrollo de vasos sanguíneos. De este modo se logra el crecimiento de vasos que irrigan la zona isquémica, donde el flujo de sangre se ha interrumpido. Esto mejora la calidad de vida de los pacientes y reduce la probabilidad de que requieran amputaciones de las extremidades inferiores por complicación de la isquemia. El efecto de Neovasculgen dura entre tres y cinco años, lo que es una mejora sustancial respecto de los tratamientos anteriores, que duraban unos pocos meses.

A finales de 2016 ya había ocho fármacos para terapia génica aprobados en todo el mundo, aunque ninguno de ellos está disponible de manera generalizada. En cuanto a los ensayos en fase de desarrollo clínico y preclínico, entre 2004 y 2014 se registraron solo en Europa casi trescientos ensayos de terapias génicas para probar casi doscientos productos diferentes.

En esta generalización de la terapia génica tiene un papel esencial la tecnología CRISPR. Como se ha indicado, a finales del año 2016 un grupo de investigadores chinos anunciaron que habían logrado tratar el cáncer de pulmón en un ensayo clínico usando este procedimiento, en lo que supuso la primera prueba en humanos de la historia de este innovador sistema de edición genética. El proceso que los científicos llevaron a cabo implicaba en una primera fase la extracción de células inmunitarias de la sangre del paciente. Posteriormente se desactivó un gen en todas ellas utilizando CRISPR, que combina una enzima de corte de ADN con una guía molecular que puede programarse para indicar a la enzima dónde cortar. En concreto, el gen sobre el que se actuó codifica la proteína PD-1, que impide

> TERAPIA GÉNICA CONTRA EL CÁNCER DE PULMÓN

En noviembre de 2016, la revista *Nature* informó de la primera introducción de linfocitos modificados genéticamente en un paciente con cáncer de pulmón. El objetivo de la intervención, llevada a cabo por un grupo de científicos de la Universidad de Sichuan, en China, perseguía estimular la respuesta del propio sistema inmune contra las células cancerosas. Se sabe que las células tumorales inhiben la reacción defensiva del cuerpo al unirse a determinadas proteínas, como la PD-1, en la superficie de las células T. Mediante la aplicación de la tecnología CRISPR-Cas9, se desactiva de los linfocitos el gen que codifica esta proteína, lo que permite reactivar la respuesta inmune del organismo. Hasta el momento ya existían otros tratamientos para bloquear la proteína PD-1, aunque esta nueva aplicación de la terapia génica posibilitará que la reacción del sistema inmune sea mucho más efectiva, lo que supone un paso más en el camino para hallar la cura definitiva de la enfermedad.

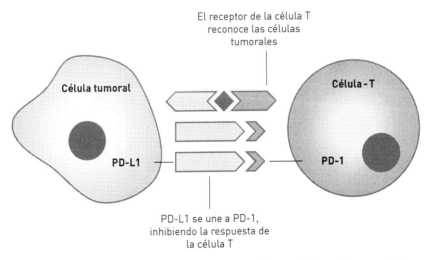

El receptor de la célula T
reconoce las células
tumorales

Célula tumoral

Célula - T

PD-L1

PD-1

PD-L1 se une a PD-1,
inhibiendo la respuesta de
la célula T

— Las células tumorales pueden inhibir la respuesta inmune del organismo mediante la unión a proteínas en la superficie de las células T, tales como PD-1. La tecnología CRISPR-Cas9, que desactiva el gen PD-1, reactiva la respuesta inmune.

que los glóbulos blancos ataquen a otras células del organismo y de esta manera favorece la expansión del tumor. Finalmente, los investigadores cultivaron las células editadas para aumentar su número y se inyectaron en el enfermo. Al reintroducir las células en el cuerpo, consiguieron reducir el tumor. Es bastante probable que si se siguen cosechando éxitos esta inmunoterapia se establezca en un futuro cercano como procedimiento estándar para tratar este tipo de cáncer.

TERAPIA GÉNICA Y TERAPIA CELULAR

De hecho, este último caso sería ejemplo de cómo la terapia génica se ha combinado con otra técnica estrechamente vinculada a esta. Hablamos de la terapia celular, que conlleva la introducción de nuevas células en un tejido u órgano para subsanar un defecto y curar una enfermedad. Esta técnica mantiene varios puntos en común con la terapia génica, ya que en muchos casos esas células han sido previamente modificadas genéticamente (fig. 4). La diferencia radica en que la terapia celular no implica una manipulación de genes, sino que se refiere solo al uso de ciertas células modificadas para usarlas como material terapéutico.

El potencial de la terapia celular lleva varias décadas explorándose en los laboratorios de todo el planeta. Uno de sus pioneros fue el médico suizo Paul Niehans, quien ya en la década de 1930 empezó a ponerla en práctica para tratar de regenerar y revitalizar órganos defectuosos a través de la inserción de millones de células. La base de este tratamiento es que las nuevas células consigan restituir los procesos biológicos dañados en el transcurso de una enfermedad, mediante la aportación de precursores celulares sanos o la aplicación de los factores producidos normalmente por estas células. La terapia celular ha dado lugar, por tanto, a un nuevo tipo de medicina: la regenerativa.

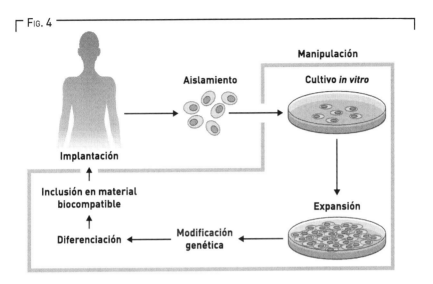

FIG. 4

Manipulación

Aislamiento

Cultivo *in vitro*

Implantación

Inclusión en material biocompatible

Expansión

Diferenciación ← Modificación genética ←

La figura muestra los distintos procesos implicados en la terapia celular, uno de los cuales implica la modificación genética en algunas células.

Este tipo de intervenciones ya han demostrado ser una alternativa muy eficaz en casos de trasplantes de médula ósea para tratar la leucemia, por ejemplo. También han sido probadas con éxito en el tratamiento de lesiones articulares o para la regeneración cutánea de lesiones en pacientes con quemaduras graves. Existen a su vez líneas de actuación relacionadas con trasplantes de islotes pancreáticos a pacientes diabéticos o para abordar dolencias hepáticas y cardíacas.

LA TERAPIA EPIGENÉTICA

Como acabamos de ver, en el camino para combatir la enfermedad, distintos tratamientos y estrategias de base genética pueden lograr modificar un gen clave. En estas ocasiones, la modificación persigue alterar la secuencia de las bases del genoma, que determina la composición de cada célula del organismo. No obstante, esta secuencia, a pesar de ser el elemento central de la información genética, no es lo único que puede provocar cambios en los genes. Poco a poco se van conociendo y van cobrando importancia otros factores, conocidos como *marcas epigenéticas*. Estas, como ya se ha señalado anteriormente, afectan al funcionamiento de los genes sin estar sometidas a las leyes de la genética que describió Mendel. Estas marcas químicas son las causantes de que distintas células con la misma información genética tengan diferentes genes activados o silenciados y, por tanto, distintos aspectos y funciones.

En esencia, se trata de cambios de expresión génica que son potencialmente heredables y que no implican cambios en la secuencia de ADN. Según la epigenética, factores tales como la nutrición, el estrés, las sustancias tóxicas e incluso las emociones o los aprendizajes tienen la capacidad de influir en los genes de cualquier individuo, haciendo que partes de su genoma se activen o permanezcan inactivos. Cualquiera de estos factores puede desencadenar procesos —a través de mediadores químicos, como hormonas, neurotransmisores, enzimas, etc.— causantes de que, en el núcleo de cada célula, los diferentes genes se silencien o queden expuestos y activos.

Desde un punto de vista estrictamente biológico, las modificaciones epigenéticas son reacciones químicas que cambian algún aspecto del ADN o de las histonas, las proteínas que lo acompañan y que ayudan a su empaquetamiento en el núcleo celular (fig. 5).

Varias docenas de enzimas actúan sobre estos componentes que forman parte de los genes. Algunas «escriben» mensajes mientras que otras los «borran» o los «leen». Estas modificaciones introducen en las bases pequeñas moléculas, y tienen diferentes efectos, básicamente, la activación o la represión o bien de genes o bien del proceso de transcripción. Estos cambios no

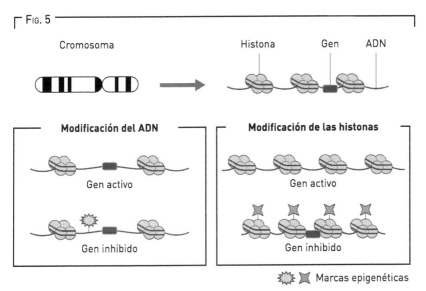

FIG. 5

Las marcas epigenéticas se unen al material genético y modifican la expresión de los genes, facilitando o dificultando el acceso a estos a la maquinaria celular encargada de su lectura.

afectan a la secuencia de bases, es decir, cada gen sigue codificando la misma proteína. El ARN sintetizado en el núcleo a partir del ADN sale al citoplasma, donde la maquinaria celular la traduce para producir proteínas. Hay moléculas de ARN que no se traducen a proteínas y que tienen un efecto regulador sobre otros procesos celulares.

Las modificaciones epigenéticas no afectan por igual a todas las células del cuerpo. Cada tejido tiene las suyas, y cada modificación específica en un gen afecta a células de un tejido determinado, o de algunos, pero no de todos. Se podría decir que cada persona tiene un único genoma en todas sus células, pero múltiples epigenomas.

Algunos cambios epigenéticos adquiridos durante el crecimiento de un ser vivo se pueden transmitir a su descendencia a través de las células germinales. Por ejemplo, en un fenómeno conocido como *impronta paterna*, algunos genes solo expresan la copia heredada del padre, porque la procedente de la madre está inactivada mediante marcas epigenéticas. También se ha comprobado que las modificaciones del ADN de una mujer por exposición a plomo durante el embarazo se detectan también en las células germinales de sus hijos, por lo que este perfil epigenético se puede transmitir a sus nietos. Esto representa una situación a medio camino entre la genética clásica y las teorías que defienden la importancia del papel del ambiente en la determinación del fenotipo. Hablamos de una especie de «herencia de los caracteres adquiridos», que es la explicación de la evolución más popular que hubo desde la Antigüedad hasta el siglo XIX. Incluso Charles Darwin, padre de la teoría de la evolución por selección natural, propuso un mecanismo de herencia de caracteres adquiridos. El desarrollo de la genética descartó esta teoría, pero la epigenética ha demostrado que ciertas características adquiridas durante la vida adulta pueden pasar a la siguiente generación.

Esto no quiere decir que los cambios epigenéticos sean estables en un linaje, como si se tratase de mutaciones. Tampoco entran en contradicción con la teoría sintética de la evolución. Esta última sostiene que los cambios graduales y la selección natural sobre ellos son el principal mecanismo del cambio evolutivo. En esencia, se trata de integrar de manera coherente la teoría de la evolución de las especies propuesta por Darwin y las investigaciones de Gregor Mendel sobre la herencia genética, con el factor de la mutación como elemento esencial de la variación y la genética de poblaciones.

En este sentido, la existencia de los cambios epigenéticos no pone en entredicho la teoría sintética, ya que la «unidad» de evolución, lo que se puede rastrear a lo largo de los milenios, sigue siendo la mutación en los genes. Se puede representar una familia de genes en un árbol evolutivo que cubra siglos, milenios o eras geológicas, pero no se puede hacer lo mismo con los

> GEMELOS: MISMO GENOMA, DISTINTO EPIGENOMA

Los gemelos idénticos son el resultado de la fecundación de un único óvulo por un espermatozoide, y la posterior división del embrión en dos durante las primeras etapas del desarrollo. Este proceso les hace genéticamente iguales. Sin embargo, con el paso del tiempo, dos hermanos gemelos verán como en cada uno de ellos se expresan rasgos genéticos distintos. Esto es debido a que determinados genes quedan silenciados y otros no. Este proceso ocurre debido a modificaciones que tienen lugar en las histonas, que hacen que la cromatina se compacte más o menos, lo que afecta a la expresión genética. El detonante de estos cambios es la información que llega del exterior: el ambiente, la alimentación, las vivencias personales, incluso sus hábitos y conductas condicionan la expresión de los genes y es lo que explica que personas con el mismo genotipo presenten fenotipos diferentes.

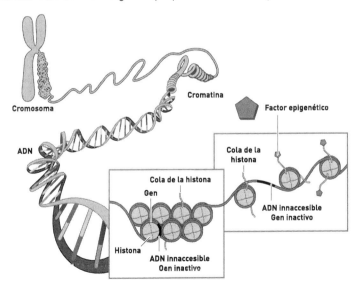

La unión de factores epigenéticos en las colas de las histonas altera el grado en que el ADN se envuelve alrededor de estas, lo que afecta a la activación y desactivación de genes.

cambios epigenéticos, que no se conservan ni se transmiten de manera tan duradera. La herencia epigenética es una excepción tanto de las leyes de Mendel como del dogma central de la biología molecular, lo que muestra que en biología a menudo las excepciones a la regla pueden tener un papel mucho más importante de lo esperado.

Los cambios epigenéticos se han relacionado con varias enfermedades y trastornos humanos. Algunos son relativamente comunes, como la diabetes, el autismo y el trastorno bipolar, mientras que otras son síndromes raros como el de Prader-Willi (con pacientes que presentan alteraciones cognitivas, desarrollo sexual incompleto y obesidad, entre otras manifestaciones) y el de Angelman (con un retraso en el desarrollo que causa déficits neurológicos). Muchos tipos de cáncer se han asociado con cambios en los patrones epigenéticos, y es bastante probable que la epigenética sea un factor determinante en el desarrollo de esta enfermedad y en la resistencia a las terapias.

El conocimiento de la epigenética permite plantear el desarrollo de terapias dirigidas a modificar estas características del genoma. Se podría entender como una terapia génica inversa: en lugar de introducir un gen funcional para recuperar una función perdida, se introduce un fármaco que interactúe sobre un gen que está presente en el organismo pero que no está funcionando de manera adecuada. Actualmente hay disponibles en el mercado algunos fármacos que eliminan un tipo determinado de modificaciones epigenéticas llamadas *metilaciones*, que consisten en añadir un grupo metilo —formado por un átomo de carbono y tres de hidrógeno— a una de las bases del ADN. La adición de grupos metilo a la cadena de ADN impide la lectura de los genes afectados. Los patrones de metilación anormales se han relacionado con el cáncer, entre otras enfermedades.

Entre los fármacos que actúan como agentes de desmetilación destaca Vidaza, que parece tener dos mecanismos de acción.

En dosis bajas inhibe una enzima que participa en la metilación. En consecuencia, permite que estos genes se expresen y los tumores se reduzcan. A dosis altas se integra en las cadenas de ADN y ARN de las células tumorales, lo que interfiere con su ciclo celular y les causa la muerte. Otro fármaco de este tipo es el Dacogen, que tienen un mecanismo de acción similar, aunque solo se puede integrar en las cadenas de ADN, no en las de ARN. Vidaza y Dacogen han recibido la aprobación de las agencias reguladoras de Estados Unidos y Europa para el tratamiento de dos tipos de cáncer de la sangre. Se están llevando a cabo ensayos clínicos para determinar si se pueden administrar también para tratar otros tipos de cáncer.

La terapia epigenética tiene un potencial muy grande si se combina con la terapia celular. Recientemente, se han planteado experimentos que persiguen actuar sobre el perfil epigenético de una célula para conseguir reprogramarla y que se convierta en otro tipo de célula. Estas intervenciones podrían darse, por ejemplo, en fibroblastos, unas células presentes en todo el cuerpo como integrantes del tejido conjuntivo —que proporciona sostén al cuerpo y ocupa los espacios entre los órganos—, y que son muy fáciles de manipular en cultivo. Mediante las modificaciones adecuadas, los fibroblastos podrían convertirse en células secretoras de insulina o en células del sistema nervioso, lo que permitiría desarrollar terapias celulares para tratar enfermedades que actualmente no tienen tratamientos adecuados.

LÍMITES Y RETOS DE LA TERAPIA GÉNICA

Uno de los criterios para autorizar ensayos de terapia génica es asegurar que el efecto quedará limitado al paciente que recibe el tratamiento y solo a él, sin afectar a sus descendientes. Esta cuestión genera intensos debates en la comunidad científica, ya que los límites no siempre están claros. Un ejemplo de ello lo encontramos en el caso de ciertas enfermedades ligadas a defectos en los genes del ADN mitocondrial. Muchas dolencias degenerativas, a menudo neurológicas, tienen su origen en estos pocos genes mitocondriales. Su manipulación sería considerada una intervención sobre la línea germinal, ya que el cambio se mantendría en las mitocondrias de las futuras generaciones (recordemos que el óvulo de la madre transmite las mitocondrias a los hijos). No obstante, resulta evidente que eliminar de la herencia genética este tipo de enfermedades supondría un beneficio innegable para la generación futura. En este sentido, la estrategia de engendrar hijos con material genético de tres personas, que vimos en el capítulo anterior, es una de las maneras posibles de evitar el efecto negativo de las mutaciones en el genoma mitocondrial.

Manteniendo como objetivo la conservación o la recuperación de la salud, otra de las aplicaciones que la terapia génica puede tener se centra en la mejora de las condiciones de vida frente al envejecimiento. Algunos de los proyectos de investigación en la actualidad ya están orientados a obtener resultados en este sentido. Científicos del Scripps Research Institute de San Diego, en California, han identificado algunos grupos de genes que están relacionados con la longevidad sana, es decir, la capacidad de llegar a una edad avanzada sin sufrir los inconvenientes habituales del paso del tiempo. Otros experimentos estudian los telómeros, unas estructuras que se encuentran en los extremos de los cromosomas y que parecen estar relacionados con el envejecimiento celular y del organismo. Hallar estas claves genéticas podría permitirnos alargar la esperanza de vida en varios años e incluso décadas.

Más allá del terreno de la salud, la posibilidad de actuar sobre la composición genética humana permite explorar intervenciones que no persigan curar, sino mejorar capacidades naturales. Hoy día sabemos, por ejemplo, que la masa muscular también se puede modelar gracias al gen ACTN3, conocido como gen de la velocidad, ya que el gen que codifica la proteína participa en la contracción fuerte y rápida de los músculos. Como muchos otros genes, presenta variantes que tienen un efecto apreciable en el organismo. Una de ellas promueve la producción de más proteína, lo que está en relación con la potencia y la velocidad. Otra variante se vincula con una producción menor de proteína y, en este caso, favorece características como la resistencia.

Como se puede comprobar, el abanico de posibilidades es absolutamente diverso. El estudio de nuestros genes nos aporta un conocimiento sin precedentes sobre nuestra naturaleza, sobre lo que somos y lo que podemos hacer. Al mismo tiempo, la tecnología aplicada a este campo avanza para dotarnos de las herramientas necesarias que nos permitan moldear nuestra propia genética. La lucha contra la enfermedad, mejorar nuestras condiciones físicas, hacernos más aptos como especie para afrontar retos futuros... Todas estas posibilidades pueden tener su respuesta a través del avance científico en el campo de la genética. Ya no se trata, pues, de conocer solo nuestro manual de instrucciones; el momento en el que seamos capaces de reescribir capítulos enteros puede no estar demasiado lejos.

Lecturas recomendadas

ESTELLER, MANEL. *No soy mi ADN*, Barcelona, RBA Libros, 2017.

KOLATA, GINA. *Hello, Dolly. El nacimiento del primer clon*, Barcelona, Planeta, 1998.

LEE, THOMAS F. *El proyecto genoma humano*, Barcelona, Gedisa, 2000.

MCLAREN, ANNE. *Clonación*, Madrid, Editorial Complutense, 2003.

MCMAHON, M. A., RAHDAR, M., PORTEUS, M. «Edición de genes: una nueva herramienta para la biología molecular», *Investigación y Ciencia*, 427.

MUKHERJEE, SIDDHARTHA. *El gen: Una historia personal*, Barcelona, Debate, 2017.

PITA, MIGUEL. *El ADN dictador*, Barcelona, Ariel, 2017.

VAN WELY, KAREL H. M. *Las células madre*, Madrid, La Catarata, 2014.

VENTER, C., COLLINS, F., WATSON, J. D. *La conquista del genoma humano*, Barcelona, Ediciones Paidós Ibérica, 2001.

WATSON, JAMES D. *La doble hélice*, Madrid, Alianza Editorial, 2011.

—, *Pasión por el ADN: genes, genoma y sociedad*, Barcelona, Crítica, 2002.

Índice